太阳电池物理基础研究

潘 婧◎著

中国原子能出版社

图书在版编目（CIP）数据

太阳电池物理基础研究 / 潘婧著. --北京：中国原子能出版社，2023.11

ISBN 978-7-5221-3105-4

Ⅰ. ①太… Ⅱ. ①潘… Ⅲ. ①太阳能电池–物理学–研究 Ⅳ. ①TM914.4

中国国家版本馆 CIP 数据核字（2023）第 222358 号

太阳电池物理基础研究

出版发行 中国原子能出版社（北京市海淀区阜成路 43 号 100048）

责任编辑 杨 青

责任印制 赵 明

印　　刷 北京天恒嘉业印刷有限公司

经　　销 全国新华书店

开　　本 787 mm×1092 mm 1/16

印　　张 18.5

字　　数 275 千字

版　　次 2023 年 11 月第 1 版 2023 年 11 月第 1 次印刷

书　　号 ISBN 978-7-5221-3105-4 **定 价** **76.00** 元

前 言

能源是人类发展和社会进步的动力。随着经济和社会的发展，人类对能源的需求日益增加。而煤、石油、天然气等化石能源，经过数百年的巨大消耗，已经不可逆转地走向枯竭。与此同时，环境污染日益加剧、极端天气频繁出现，不断挑战着人类的忍耐极限，也促使人们越来越清楚地认识到绿色可再生能源对国家经济发展、社会稳定及国家安全的重要性。

太阳辐射是分布较广的自然资源，方便就地开发利用。人们根据太阳辐射的特点，研制出太阳电池。太阳电池是将太阳辐射的能量直接转换成电能的器件，它的特点是省去了将太阳光能先转换成热量再转换为电能的中间过程，只要有阳光照射，就可直接发电。其特点是：不需要燃料、没有振动、没有噪声、不会污染环境和破坏生态平衡及无人值守。

本书主要研究太阳电池物理基础方面的问题，涉及丰富的太阳电池物理基础知识。主要内容包括太阳电池光学、太阳能与太阳电池、太阳电池的伏安特性、太阳电池的支架及支架基础、高效晶硅太阳电池工作原理、高效晶硅太阳电池设计和高效晶硅太阳电池测试等。本书在内容选取上既兼顾到知识的系统性，又考虑到可接受性，同时强调太阳电池物理基础的应用性，涉及面广，技术新，实用性强，兼具理论与实际应用价值，可供相关教育工作者参考和借鉴。

由于笔者水平有限，本书难免存在不妥之处，敬请广大学界同仁与读者朋友批评指正。

前言

目　录

第一章
太阳电池光学

第一节　太阳电池光学基础知识

一、光的波动性和粒子性

光是一种复杂的自然现象，既表现出波动性质，又表现出粒子性质。这种双重性质的理解是光学研究的基础之一。下面将详细探讨光的波动性和粒子性及它们的主要特点。

（一）光的波动性

光的波动性表现为一系列与波相似的特征，具体包括以下几方面。

1. 波长

波长是描述光波的一个重要属性，它对于理解光的性质和识别光谱至关重要。波长是指光波在一个振动周期内传播的距离，即波峰到波峰或波谷到波谷之间的距离。

光波的波长还与其能量有关。根据普朗克的光量子理论，光子的能量（E）与其频率（v）之间存在直接关系，即 $E=hv$，其中 h 是普朗克常数。这意味着较短波长的光子具有更高的能量，而较长波长的光子具有较低的能量。

波长是光波的一个关键特性，它决定了我们所看到的颜色、光的频率和能量。在光学和电磁学中，波长的概念对于解释光的性质及研究光的应用至关重要。通过了解不同波长光的行为和相互作用，能更好地理解自然界中的光现象。

2. 频率

频率是描述光波振动特性的一个重要参数，它在光学和电磁学中具有关键作用。频率代表了光波振动的快慢，它与波长和光速之间存在紧密的联系。

频率是指在单位时间内光波振动的次数。通常，频率以赫兹（Hz）为单位表示，1 Hz 等于 1 s 内的振动次数。光波的频率决定了它的能量和颜色。

频率和波长由光速（通常用 c 表示）来连接。光速表示光在真空中传播的速度，它是一个常数，约为 299 792 458 m/s。频率（ν）、波长（λ）和光速（c）之间的关系可以用以下公式表示：

$$c=\lambda\nu$$

这个公式表明，光速等于波长与频率的乘积。因此，波长和频率之间的关系是反比的，即波长越短，频率越高，反之亦然。

频率还与光的能量密切相关。光波的频率越高，光子的能量越大。例如，紫光的频率比红光高，因此紫光的光子具有更高的能量。

频率在光学和电磁学中具有广泛的应用。它决定了光波的特性，包括颜色、折射、衍射和干涉等现象。在光通信中，频率被用于定义不同的光波段，如红外线、可见光和紫外线，以传输信息。此外，频率也与光的相速度和群速度等概念密切相关，对于光的传播和调制具有重要意义。

3. 波的干涉和衍射

波的干涉是一种光波现象，它发生在两个或多个光波相遇的地方，形成明暗交替的条纹。这一现象可以通过许多经典的实验来证明，其中最著名的是双缝干涉实验。在这个实验中，光源照射到两个狭缝上，然后通过两个狭缝的光波会在屏幕上相互干涉，形成一系列明暗相间的条纹。这些条纹的产生是由于光波的波峰与波峰或波谷与波谷相遇时叠加，形成亮区，而波峰与波谷相遇时互相抵消，形成暗区。波的干涉不仅用于理解光波的性质，还在许多实际应用中发挥着重要作用，如干涉仪、显微镜和激光技术等领域。

衍射是光波通过物体边缘或小孔时发生的偏转现象。当光波经过一个小孔或被物体边缘遮挡时，它会以不同的角度传播，形成扩散图案。这个现象可以解释为每个点都可以看作是一个次级波源，它发出的波以球面扩散，当这些次级波源相互叠加时，形成了衍射图案。衍射也是一种重要的现象，它不仅有助于理解光波的传播方式，还在望远镜、显微镜和光学光栅等领域中得到广泛应用。

波的干涉和衍射的研究不仅展示了光波的波动性质，还为光学和电磁学领域的进一步研究提供了重要的基础。对这些现象的深入理解和应用不仅拓展对光的认识，还促进了许多现代科学和技术的发展。它们强调了光波的波动性质在自然界中的普遍存在，并且为我们提供了一种独特的方式来探索和解释光学现象。

4. 波动速度

波动速度是描述光波在不同介质中传播时的速度属性。当光波通过不同的物质介质时，它的传播速度会发生变化，这是由于不同介质与光的相互作用性质不同。

光在不同介质中的传播速度如下。

真空中的传播：在真空中，光的传播速度最快，约为每秒 299 792 458 米。这个速度通常被定义为光速常数，是物理学中的一个重要常数。

空气中的传播：光在空气中的传播速度与真空中的光速非常接近，因此在一般情况下，可以将光在空气中的传播速度视为光速。

其他介质中的传播：当光波通过其他物质介质，如水、玻璃或钻石等时，它的传播速度会减小。不同材料的折射率（与光速的比值）不同，这导致光在不同材料中的传播速度发生变化。例如，光在水中的速度约为光速的 3/4，而在玻璃中则约为光速的 2/3。

光在不同介质中的速度变化导致折射现象。折射是指当光波从一种介质进入另一种介质时，其传播方向发生改变的现象。根据斯涅尔定律，光线在两种介质交界处的入射角和折射角之间存在一定关系。这一现象在实际应用中非常重要，例如，眼睛中的折射让我们看到物体，透镜和棱镜也利用了光的折射原理。

光速的变化还产生了其他光学现象，如干涉和色散。不同波长的光在介质中的传播速度差异会导致干涉图案的变化，而色散是指不同波长的光在介质中传播速度不同，因此会发生分散成不同颜色的现象，例如，光的折射会使白光分解成彩虹。

5. *波动方向*

波动方向是描述光波传播时波动振动方向的性质。在光学中，光波是一种电磁波，它在传播过程中以垂直于传播方向的方式振动，这一振动方向被称为波动方向。

光波是横波，这意味着光波的振动方向垂直于光波的传播方向。也就是说，当光波沿着一定方向传播时，光波的电场振动方向和磁场振动方向都垂直于传播方向，形成了一个垂直振动平面。这个平面被称为偏振面。

在光学中，光波的偏振状态可以分为多种，其中最简单的是线偏振光。线偏振光是指光波的电场振动方向在偏振面上的光波。这意味着光波在传播方向上的振动方向固定，可以是垂直于传播方向的水平方向或垂直方向。

偏振器是一种光学元件，用于选择特定振动方向的光波。通过使用偏振器，可以将非偏振光（即振动方向随机分布的光波）转化为线偏振光。这在许多应用中非常有用，例如，在液晶显示器、偏振墨镜和光学实验中。

偏振光在光学领域中有广泛的应用。它在液晶显示器中用于控制像素的亮度，从而产生高质量的图像。偏振光还可用于减少反射和消除光散射产生的眩光，使观察者更舒适地看到屏幕或景物。此外，偏振光也在科学实验中用于研究光的性质和相互作用。

总之，光波的波动方向是描述光波振动性质的一个重要性质。它决定了光波的偏振状态，而偏振光的控制和应用在光学和光电子学领域具有广泛的重要性。通过了解和掌握光波的波动方向，可以更好地利用光学现象和技术，实现各种实际应用。

6. 叠加原理

叠加原理是光学和物理学中的一个基本概念，它描述了当多个波同时传播时，它们会相互叠加以形成新的波动现象。这一原理适用于各种波动现象，包括光波、声波和水波等。以下是关于叠加原理的详细解释。

叠加的基本原理是，当两个或多个波同时传播时，它们会在相遇的地方相互叠加，而不会相互干扰或影响。这意味着每个波的振幅、频率和波长都保持不变，它们只是简单地叠加在一起。

同相叠加：当两个波的振幅、频率和波长相同时，在它们相遇的地方，它们会互相增强，形成更大的振幅。这种现象被称为同相叠加，通常会导致明区或更强的波动。

异相叠加：当两个波的振幅、频率和波长不同时，在它们相遇的地方，它们会互相抵消或减弱。这种现象被称为异相叠加，通常会导致暗区或波的减弱。

叠加原理在光学中具有广泛的应用，尤其在干涉和衍射现象中。例如，双缝干涉实验中，两个狭缝中传播的光波会在屏幕上相互叠加，形成明暗相间的干涉条纹。这一现象是叠加原理的直接体现，通过它我们可以研究光波的波动性质和相互作用。

总之，叠加原理描述了多个波同时传播时的相互作用方式。这一原理不仅有助于我们理解波动现象，还在科学研究、技术应用和实验设计中得到广泛应用，为解释和预测波动行为提供了重要工具。

（二）光的粒子性

1. 光子

光子是光的基本单位，它是电磁波的量子，是光波以粒子形式存在的微粒。

光子是一种离散的能量单位，它具有粒子和波动的性质。在某些情况下，光可以被看作是一群光子，这些光子以粒子方式传播。光子的粒子性表现为它具有能量、动量和角动量等特性，这些特性在光与物质相互作用时变得显著。

光子在现代物理学、光学和电子学中有广泛的应用。光子被用于光通信、激光技术、光谱学、成像技术和量子计算等领域。激光就是利用光子的性质来产生高度聚焦和一定波长的光束，应用于医学、制造和科学研究等多个领域。

总之，光子是光的基本单位，它具有粒子性质和波动性质，是光波粒二象性的体现。光子的能量和频率之间存在直接关系，它在现代科学和技术中扮演着重要的角色，促进了光学和电子学领域的发展。

2. 波粒二象性

波粒二象性是物质微粒（如光子、电子、中子等）在某些实验条件下既表现出粒子性又表现出波动性。这一概念是量子力学的核心之一，它揭示了微观粒子的行为与经典物理学中的宏观物体有着显著不同。

著名的波粒二象性实验包括双缝干涉实验和康普顿散射实验。在双缝干涉实验中，电子或光子通过两个狭缝时会形成干涉条纹，这表明它们具有波动性质。然而，当检测这些微粒时，它们表现出粒子性，只出现在某一位置。

在量子力学中，每个微粒都有一个与之关联的波函数，它描述了微粒的可能位置和动量分布。波函数是波粒二象性的数学描述，它可以通过薛定谔方程来计算和演化。

波粒二象性引发了测量问题，即测量微粒的位置时，波函数会坍缩为一个确定的位置，表现出粒子性质。这个过程被称为波函数坍缩，引发了许多哲学和物理学上的讨论。

波粒二象性是量子力学的核心概念之一，它改变了我们对微观世界的理解方式。它表明，微粒的行为不仅受经典物理学规律的支配，还受到量子力学规则的支配，这些规则在微观尺度下产生显著影响。波粒二象性的理解对于解释和预测原子、分子和基本粒子的行为至关重要，并在现代科学和技术中发挥着关键作用。

3. 光电效应

光电效应是指当光线照射到某些物质表面时，会导致该物质释放出电子的现象。这一现象的关键特点是光子（光的量子）能够激发物质内的电子，使其脱离原子或分子而成为自由电子，从而产生电流。

光电效应的关键原理涉及光子的能量和电子的释放。光子具有一定的能量，其能量与其频率或波长有关。当光子的能量足够高时，它能够克服束缚电子的力，使电子脱离原子或分子而成为自由电子。

光电效应的主要特征包括：① 阈值频率：对于给定的物质，存在一个最低的光子频率，只有当光子的频率高于这个阈值频率时，光电效应才会发生，这个频率被称为阈值频率或截止频率；② 光电子的动能：释放出的电子将具有一定的动能，其大小取决于光子的能量减去逸出电子所需的能量；③ 光电流：光电效应导致电子的释放，这些电子可以构成电流，称为光电流，光电流的强度取决于光照强度和光子的能量；④ 实时响应：与某些其他现象不同，光电效应的响应是即时的，即光照射到物质表面时，电子会立即释放。

光电效应是一种重要的物理现象，它揭示了光与物质之间的相互作用方式。这一效应的理解和应用不仅有助于解释自然界中的光学现象，还在各种科学、工程和技术应用中发挥着重要作用。

4. 康普顿散射

康普顿散射是指 X 射线或伽马射线与物质中的电子碰撞后发生的散射现象。这一现象由美国物理学家阿瑟·康普顿于 1923 年首次发现，并因此获得了诺贝尔物理学奖。康普顿散射的关键特点是入射光子的能量增加，并且散射光子的方向发生改变。

康普顿散射的基本原理涉及入射光子与自由电子的相互作用。当入射光子与电子发生碰撞时，光子的能量和动量都会发生变化。这是由于光子与电子之间发生弹性碰撞，其中一部分能量和动量被转移给散射光子，使其具有更高的能量和不同的传播方向。

康普顿散射的关键公式是康普顿公式，它描述了入射和散射光子之间的能量关系。康普顿公式如下：

$$\Delta\lambda=\lambda'-\lambda=\frac{h}{m\mathrm{c}}(1-\cos\theta)$$

其中：

$\Delta\lambda$ 是入射和散射光子的波长差；

λ 是入射光子的波长；

λ' 是散射光子的波长；

h 是普朗克常数；

m 是电子的质量；

c 是光速；

θ 是散射光子的散射角度。

康普顿散射是一种重要的物理现象，它揭示了光子与物质中的电子之间的相互作用方式。这一效应的理解和应用在科学研究和技术应用中具有重要意义，尤其在材料科学、核物理和医学成像等领域。

总之，光的波动性质和粒子性质共同构成了光学的基础。波动性质解释了光的干涉、衍射和折射等现象，而粒子性质则涉及到光子的行为和与物质的相互作用。这种波粒二象性是现代物理学的重要组成部分，为理解光学、量子力学和光电子学等领域提供了重要的基础。

二、折射和反射

（一）折射

当光线从一种介质传播到另一种介质中时，折射现象涉及到更多的细节和应用。

折射率（n）是介质中光的速度与真空中光速之比的物理量。不同的物质具有不同的折射率，这决定了光在这些物质中的传播速度和方向。

空气的折射率非常接近于 1，而水的折射率约为 1.33。因此，当光线从空气进入水中时，它会向法线方向弯曲，因为光在水中的传播速度较慢。

折射现象与介质的光密度有关。光密度是介质中单位体积内的光子数目。当光从光密度较低的介质进入光密度较高的介质时，光线向法线方向弯曲，因为光速减小，而在光密度较低的介质中，光速较快，光线向远离法线方向弯曲。

折射可以影响光的偏振状态。当非偏振光（未定向的光）进入介质时，它可以部分地变成偏振光，其振动方向受折射的影响。这在偏振光学中具有重要应用，例如，在太阳眼镜中阻止强光。

折射是光学中的基本现象之一，它有许多实际应用，从成像设备到眼镜，以及许多光学仪器都依赖于折射原理。深入理解折射的原理和应用对于解释光学现象和设计光学系统来说至关重要。

（二）反射

反射是光线与界面或介质相互作用时，部分或全部光线被反弹回来，不进入新的介质的现象。这一现象遵循反射定律，反射光线与入射光线在同一平面上，入射角等于反射角。

反射定律是描述反射现象的基本原则，它可以用以下方式表示：

$$\theta_{入射} = \theta_{反射}$$

其中：

$\theta_{入射}$是入射角，即入射光线与界面法线的夹角；

$\theta_{反射}$是反射角，即反射光线与界面法线的夹角。

关键特点如下。

① 入射角与反射角相等：反射定律规定，入射光线和反射光线位于

同一平面内，并且入射角等于反射角。这意味着反射是一个平面现象，不涉及光线在垂直于界面的方向上的偏转。

② 不改变介质：反射光线不进入新的介质，它保持在原来的介质中，只有光线的方向发生改变。这与折射不同，折射涉及到光线穿越不同折射率的介质。

③ 产生镜像：反射是产生镜像的基础。镜子的平滑表面允许光线按照反射定律反射，从而在镜子前形成物体的逆像。这种特性在化妆、照相和观看自己的镜子中非常重要。

④ 视觉感知：反射是我们看到周围世界的原因之一。许多物体的表面都会反射光线，将光线反射回我们的眼睛，使我们能够感知它们的存在和外观。这包括自然界中的水体、玻璃表面和人工制品，如镜子。

反射是光学中的基本现象之一，它有着广泛的应用，从光学设备制造到车辆安全和通信技术等各个领域都有着重要的作用。深入理解反射的原理和应用可以帮助我们更好地设计和利用光学系统。

三、散射和吸收

散射和吸收是光与物质相互作用的两种重要过程，它们对于理解光的传播和相互作用在许多领域都具有关键作用。以下是关于散射和吸收的详细信息。

（一）散射

散射是指光线与物质相互作用后，沿不同方向传播的现象。当光线遇到介质中的粒子、分子或分布不均匀时，它会散射到各个方向上，而不是仅按照直线路径传播。

1. 散射机制

散射是光线与物质相互作用后光线沿不同方向传播的现象。散射机制涉及到入射光与物质中的微观结构之间的相互作用，不同的散射机制取决于入射光的波长与物质的特性。以下是一些常见的散射机制。① 瑞利散射：瑞利散射是指当光波的波长远小于散射体的尺寸时发生的散射现象。这种散射通常发生在小粒子或分子上，如空气中的气体分子。瑞利散射导致蓝天的出现，因为波长短的蓝光更容易被散射，而波长长的光则相对较少。② 米氏散射：米氏散射发生在光波的波长与散射体的尺寸相当的情况下。这种散射通常涉及较大的颗粒，如灰尘、水滴或冰晶。米氏散射会导致太阳光、月光或星光在云、雾、雨滴等大气中的粒子上反射。③ 光的衍射：光的衍射是一种散射机制，当光波通过狭缝、孔洞或物体边缘时，会产生特定的干涉和散射效应。衍射使光波扩散到不同方向，形成明暗条纹或彩色图案。④ 拉曼散射：拉曼散射是一种特殊的散射机制，它涉及光与物质分子之间的相互作用。当光波与物质分子碰撞时，一部分光被散射，并且其频率发生了变化。这种散射可用于分析物质的化学成分和结构。⑤ 斯托克斯散射：斯托克斯散射是拉曼散射的一种，其中散射光的频率比入射光低。这种散射通常与光同液体或气体分子相互作用时的能量损失有关。⑥ 非弹性散射：非弹性散射是指光与物质相互作用后，光的能量部分被吸收，部分被散射，同时发生能量损失的现象。这种散射通常用于材料分析和光谱学中。

这些散射机制的理解对于解释光在不同情况下的行为以及在科学、医学、天文学等领域的应用非常重要。不同的散射机制可以提供有关物质的信息，也可以用于研究大气和宇宙中的光学现象。

2. 光的散射颜色

散射会导致不同波长的光以不同的方式散射，因此散射物体可能呈现出不同颜色。这解释了为什么天空是蓝色的，因为蓝光的波长较短与大气中的分子发生相互作用时更容易发生散射。

光的散射颜色是由光的波长、物质的特性和散射机制共同决定的。不同的颜色效应在自然界中广泛存在，并且通过光的散射机制可以解释这些现象。这些颜色效应增添了自然界的美丽和多样性。

（二）吸收

吸收是指当光线进入物质后，其能量被物质吸收并转化为其他形式的能量，通常是热能。吸收导致光线的强度减弱，光的能量被物质吸收而不反射或传递。

吸收谱是描述物质对不同波长或频率的电磁辐射吸收程度的图谱。它提供了有关物质如何与特定波长或频率的光交互的信息。吸收谱的基本知识如下。① 吸收峰：吸收谱通常显示为图表，横轴表示波长或频率，纵轴表示吸收强度或吸收率。吸收谱中的吸收峰是指在特定波长或频率附近出现的吸收强度增加的区域。吸收峰的位置和强度提供了物质的特征信息。② 吸收带：吸收谱中的吸收带是指在一定范围内的波长或频率范围内，吸收强度较高的区域。吸收带通常由吸收峰组成，形成连续的吸收范围。③ 吸收峰的位置：吸收峰的位置告诉我们物质对哪些波长的光最敏感。不同的分子或物质具有不同的吸收峰位置，因此可以用吸收谱来识别和鉴定物质。④ 吸收峰的形状：吸收峰的形状可以提供关于分子或物质的分子结构和电子能级的信息。例如，对称的分子通常具有对称的吸收峰形状。⑤ 吸收峰的强度：吸收峰的强度告诉我们吸收的光有多少被吸收。强度可以用来确定物质的浓度或量。⑥ 吸收峰的宽度：吸收峰的宽度可以提供有关吸收带的宽度，以及吸收峰的形状和分布的信息。宽度通常与分子振动、转动和电子跃迁等过程有关。⑦ 应用领域：吸收谱广泛应用于化学、物理、生物学、环境科学、材料科学等领域。它可用于确定物质的成分、浓度、反应动力学、分子结构等。⑧ 常见的吸收谱：常见的吸收谱包括紫外–可见光吸收谱、红外吸收谱、核磁共振（NMR）谱、质谱等。每种吸收谱用于不同类型的分析和研究。

吸收谱是一种强大的工具，用于研究物质的光学性质和相互作用方式。通过分析吸收谱，科学家可以了解物质的特性、反应机制和结构，从而在多个领域中应用这些知识。

（三）散射和吸收的联系

散射和吸收通常同时存在。当光线进入物质时，一部分光可能被吸收，而另一部分可能会散射，这取决于物质的性质及光的波长和强度，两者都是光与物质相互作用时的基本光学现象。同时散射和吸收之间的联系也包括以下几点。① 散射和吸收都是由于光与物质相互作用而产生的光学效应，取决于光的波长、频率和物质的性质。它们都可以用来研究物质的结构、组成和性质。② 在某些情况下，吸收可以导致散射。当光被物质吸收时，物质吸收光的能量，并可能以不同方向重新发射部分能量，导致散射。这种现象在荧光和拉曼散射中常见，其中吸收和散射同时发生。③ 吸收谱和散射谱都提供了关于物质如何与光相互作用的信息。吸收谱显示了光被吸收的波长或频率，而散射谱显示了光在不同方向上的散射强度。这两种谱线通常都与物质的性质和结构有关。④ 波长依赖性，散射和吸收的强度通常依赖于入射光的波长。不同波长的光与物质的相互作用方式可能会有所不同，导致吸收峰和散射特性的变化。⑤ 吸收谱和散射谱广泛用于光谱分析。吸收谱可用于确定物质的组成、浓度和分子结构，而散射谱可用于研究粒子大小、形状和分布。⑥ 散射和吸收也用于环境监测。例如，大气中的颗粒物可以引起散射，污染物和气体可以引起吸收，这些现象都可用于检测和监测环境中的污染。

总之，散射和吸收是光与物质相互作用的两个重要过程，它们对于解释光的行为、分析物质的性质很有帮助且在科学、工程和医学领域中有着广泛的应用。深入理解这些过程有助于更好地探索光学和光谱学领域的知识。

第二节　光学历史及其体系

光学是一门研究光和光的相互作用的科学领域，具有悠久的历史和丰富的体系。以下是光学历史及其体系的简要概述。

一、光学的历史

（一）古代光学

古代光学是光学领域的起源，其发展始于古希腊和古罗马时期的哲学家和自然哲学家。在那个时代，人们对光学现象产生了浓厚的兴趣，尽管他们的理论主要基于观察和哲学思考，而不是现代科学方法。

1. 亚里士多德的理论

古希腊哲学家亚里士多德（约公元前 384—约公元前 322）被认为是古代光学研究的奠基人之一。他的光学理论主要集中在视觉和光的性质上。亚里士多德认为，视觉是通过光线从物体发出，然后进入观察者的眼睛来实现的。他提出了一种“射线模型”，认为视觉是由于光线在物体和眼睛之间传播而产生的。尽管这个理论在后来被证明是不完全正确的，但它为光传播的研究奠定了基础。

2. 尤卡里斯的理论

古希腊数学家和工程师尤卡里斯（约公元前 287—约公元前 212）在光学领域取得了重要的突破。他的著作《光学》是一部关于光线传播和反射的经典之作。尤卡里斯首次提出了光是以直线传播的概念，并研究了光线在不同介质中的传播。他的研究对后来的光学理论产生了深远影响。

3. 光线的传播

古代人认为光以直线方式传播，这一思想为后来的光线几何光学奠定了基础。虽然他们的理论基于观察，但直线传播的概念成为了几何光学的核心原则之一。

4. 反射和折射

古代光学研究的一部分包括对反射和折射现象的观察和讨论。虽然他们没有提出精确的定律，但他们的思考和观察为后来的研究提供了基础。

5. 光学仪器的发展

古代文明还开始开发各种光学仪器，如凹面镜、凸面镜和透镜。这些仪器用于放大、聚焦和分散光线，为古代观察家提供了更多研究光学现象的工具。阿基米德（约公元前 287—约公元前 212）是古希腊一位著名的数学家和工程师，他在光学仪器的设计和应用方面作出了杰出贡献。

总的来说，古代光学是光学领域的开端，尽管古代人的理论主要是基于哲学和观察，而不是现代科学方法，但他们的思考和探讨为后来的光学研究奠定了基础。古代光学的思想和问题也激发了后来科学家们的好奇心，推动了光学领域的进一步发展。

（二）中世纪伊斯兰光学

中世纪伊斯兰世界在光学领域取得了显著的进展，继承并发展了古希腊和古罗马时期的光学知识。

1. 亚里士多德和托勒密的传承

中世纪欧洲学者继承了亚里士多德和托勒密的光学理论，这些理论主要关注光的传播和视觉。这些理论成为中世纪欧洲光学研究的基础，尽管大部分是基于观察和哲学推测。

（1）亚里士多德的影响

亚里士多德在他的著作《光学》中提出了一系列关于光传播和视觉的理论。他认为光是一种物质，通过在介质中传播的方式来解释光的行为。中世纪的学者将亚里士多德的理论视为宝贵的起点，尽管其中有一些观点后来被证明不准确，但这些理论仍然激发了他们进一步研究光学的兴趣。

（2）托勒密的贡献

托勒密的著作《光学》是古希腊光学理论的另一个重要来源。他提出了一种解释视觉的理论，即视觉是由光线从观察对象反射并进入眼睛形成的。这一理论在中世纪欧洲的光学研究中得到了广泛传承，学者们尝试用托勒密的视觉理论来解释和理解视觉现象。

（3）光学的哲学思考

中世纪的学者将光学视为一门结合了哲学和科学的领域。他们不仅研究光的物理性质，还思考光与人类感知和认知之间的关系。这些哲学思考对于后来的视知觉研究和心理学产生了影响。

（4）实验方法的萌芽

尽管中世纪的光学研究仍然受到许多限制，但一些学者仍开始采用实验方法来验证他们的理论。他们进行了一些基础的实验，例如，光线的传播和反射实验，这标志着实验光学的出现。这种实验精神为未来的光学研究方法的发展提供了奠基。

总的来说，中世纪欧洲学者的对亚里士多德和托勒密光学理论的传承和研究，为现代光学科学的发展打下了坚实的基础。他们的研究成果在理论、实验和哲学思考方面都有所贡献，对光学领域的进步产生了积极影响。

2. 伊本·海赛姆的光学研究

伊本·海赛姆是伊斯兰世界中一位杰出的科学家，他的光学研究对于现代光学科学的发展产生了深远的影响。伊本·海赛姆最著名的作品是《光学之书》，这本书被认为是光学的奠基之作。在这本书中，他详细研究了光的传播和反射现象，提出了光线沿着直线传播的概念，这一理论后来成为光学基础之一。伊本·海赛姆强调了实验方法在科学研究中的重要性。他进行了许多实验，特别是在光的反射和折射方面，以验证他的理论。这种实验精神在当时非常前卫，并为后来的科学方法奠定了基础。伊本·海赛姆研究了人类视觉系统，并提出了与光学错觉相关的观点。他对视觉现象的深入研究有助于我们更好地理解光的性质及视觉感知。伊本·海赛姆的光学研究对欧洲文艺复兴时期的光学家产生了深刻影响。他的作品被翻译成拉丁文，传入欧洲，为现代光学的发展铺平了道路。

伊本·海赛姆的光学研究不仅推动了光学科学的进展，而且对实验方法和科学研究的方法论产生了重要影响。他被誉为光学的奠基人之一，他的成就在光学史上具有重要地位。

3. 透镜和放大

中世纪伊斯兰世界的科学家在光学领域取得了显著进展，其中一项重要的成就是透镜的研究和应用。透镜是一种光学设备，可以改变光线的传播方式，对于放大物体和观察微小结构起到关键作用。

早期科学家观察到，透镜可以改变光线的传播方向，并且特定类型的透镜可以将物体看起来更大或更清晰。其中，凹透镜和凸透镜是最常用的两种透镜类型。

凹透镜：凹透镜中央较薄，边缘较厚，可以将光线散射，并使物体看起来放大。这种特性使凹透镜成为望远镜的关键组件之一。通过将凹透镜与其他透镜组合，天文学家能够观察远处的星体，并发现了许多天文学现象。

凸透镜：凸透镜中央较厚，边缘较薄，可以将光线聚焦在一点上，使物体看起来更大和更清晰。这种特性对于显微镜的发展非常重要。凸透镜的应用使科学家能够观察微生物和细胞结构，推动了生物学的进步。

透镜的使用不仅对科学领域产生了深远影响，还对技术和文化产生了影响。望远镜帮助天文学家研究宇宙，而显微镜使生物学家能够深入探索微观世界。透镜的应用也扩展到艺术和工程领域，为绘画、建筑和光学仪器的设计提供了新的工具。

总的来说，中世纪伊斯兰世界的科学家的透镜研究为人类认识世界提供了新的视角，推动了多个学科的发展，同时也为现代科学和技术的进步铺平了道路。这一时期的贡献对人类文明产生了深远影响。

4. 光学学院和翻译运动

在伊斯兰世界，光学学院的兴起及翻译运动对光学领域的发展产生了重要影响。

（1）光学学院的兴起

① 跨文化交流：伊斯兰世界在中世纪时期成为知识和文化的交汇点。这里聚集了来自不同文化和民族背景的学者，包括阿拉伯、波斯、拜占庭、印度等地学者。光学学院成为这些学者交流和合作的场所。

② 教育体系：光学学院提供了充分的教育体系，涵盖了从基础光学知识到高级光学应用的广泛范围。学生和学者可以在这些学院中深入学习光学，进行实验研究，并将理论应用于实际问题。

③ 跨学科研究：光学学院鼓励跨学科的研究合作。光学涉及多个领

域，包括物理学、数学、天文学、医学等，学院的环境促进了不同学科之间的交流和合作。

（2）翻译运动

① 古典文献的翻译：伊斯兰世界的翻译运动致力于将古希腊和古罗马时期的文献翻译成阿拉伯文。这些文献包括光学领域的重要著作，如欧几里德的《光学》、托勒密的《大地和天文学》及其他古代学者的作品。

② 知识的传播：翻译运动扩大了光学知识的传播范围，使其能够被更广泛地了解和学习。这有助于不同文化和地区的学者共享知识，推动了光学研究的国际化。

③ 对后续研究的影响：通过将古代文献翻译成阿拉伯文，翻译运动为后来的学者提供了深厚的学术资源。这些文献成为中世纪伊斯兰世界光学研究的基础，也为现代光学科学的兴起奠定了基础。

光学学院的兴起和翻译运动共同推动了光学领域的发展和知识的传播。这一时期的学术繁荣为后来的光学研究打下了坚实基础，促进了光学科学的不断进步。

5. 欧洲的光学研究

在中世纪晚期，欧洲的光学研究逐渐兴起，这一时期的学者对光学领域的发展产生了深远影响。

（1）欧洲光学研究的兴起

文艺复兴时期，欧洲经历了学术和文化的复兴，这为光学研究提供了新的机会。学者们开始回顾古希腊和古罗马时期的光学著作，并试图将其与现代科学方法相结合。同时，欧洲学者引入了新的实验方法，例如，使用透镜和光学仪器进行实验。这些实验有助于他们更深入地理解光的性质和行为，为光学领域的研究提供了新的视角。

（2）傅科的光学原理

16 世纪的法国数学家和物理学家皮埃尔・傅科对光学领域产生了深远影响。他提出了光的最速路径原理，也被称为傅科原理。这一原理揭示了光的传播路径，为光学研究提供了重要的理论基础。傅科还提出了反射和折射的数学定律，描述了光线在界面上的行为。这些定律成为后来光学研究的基础，也为现代光学技术的发展提供了支持。

欧洲中世纪晚期和文艺复兴时期的光学研究为现代光学科学的兴起奠定了基础。学者们的实验和理论工作促进了对光学现象的更深入理解，为后来的光学研究提供了关键的启发和支持。这一时期的贡献对现代科学和技术产生了深远影响。

中世纪伊斯兰世界的光学研究为后来现代光学科学的崛起提供了重要的理论基础和实验基础。这些学者的工作有助于我们更深入地理解光的性质和行为，对现代技术和医学产生了深远影响。他们的成就不仅为科学贡献了宝贵的遗产，也丰富了人类对光学的认识。

（三）伦琴学派

在文艺复兴时期，意大利的伦琴学派对光学的研究产生了重要影响。

1. 伦琴索·达·芬奇

达·芬奇是一位多才多艺的天才，他既是画家、雕塑家，也是科学家和工程师。他对光学的研究不仅表现在绘画中，还包括了对光线、视觉和透镜的深入研究。达·芬奇的绘画作品中，如《蒙娜丽莎》和《最后的晚餐》，展现了对光线和视觉的精湛理解。他通过观察自然和人类的视觉现象，为后来的光学研究提供了重要的启发。

2. 焦尔达诺·布鲁诺

焦尔达诺·布鲁诺是一位意大利的哲学家和神秘主义者。他的思想超越了光学领域，涵盖了宇宙和无限宇宙观。然而，在他的著作中，他也对光学和视觉进行了一些探讨。布鲁诺的著作包括一些关于折射和反射的思考。尽管他的光学研究相对有限，他的哲学和科学观念也为后来的光学研究提供了一些思想上的刺激。

伦琴学派在文艺复兴时期推动了光学研究，尤其是通过达·皮萨的视觉研究和焦尔达诺·布鲁诺的哲学思考。他们的工作对光学领域的发展和现代科学的演进产生了影响，为光学研究提供了新的思想和视角。

（四）几何光学

在 17 世纪，荷兰的赫克托·斯奥尔迪和法国的皮埃尔·德·费马开创了几何光学，提出了一些重要的定律和原理，对光学研究产生了深远影响。

1. 赫克托·斯奥尔迪

赫克托·斯奥尔迪提出了关于折射的定律，被称为斯奥尔迪定律。该定律描述了光线从一种介质进入另一种介质时的折射规律，其中关键的概念是入射角和折射角之间的关系。这一定律为解释透镜和棱镜的光学行为提供了基础。同时，赫克托·斯奥尔迪也是波动理论的提出者之一。他提出了光是一种波动的观点，认为光通过波的传播方式解释更加合理。这为后来光的波动理论发展奠定了基础。

2. 皮埃尔·德·费马

皮埃尔·德·费马提出了费马原理，也被称为费马的最短时间原理。该原理强调了光线在传播过程中选择的路径是所需时间最短的路径。这一原理对折射和反射的解释提供了一个新的视角，有助于理解光的传播。费马的工作还包括了光的光程问题，被称为费马定律。该定律描述了光线在不同介质中传播时，光程最短的路径。费马定律为解释折射和反射提供了一种优美的方法。

总的来说，赫克托·斯奥尔迪和皮埃尔·德·费马在几何光学领域做出了杰出贡献，他们的定律和原理为解释光的行为和光学设备的设计提供了坚实的理论基础。这些成就成为了现代光学研究的基石，对光学科学的发展产生了深远影响。

（五）光的波动性

19 世纪初，托马斯·杨进行了著名的双缝实验，证明光具有波动性。此后，奥古斯特·菲涅尔和安德烈·安普尔进一步发展了光的波动理论。

1. 托马斯·杨的双缝实验

托马斯·杨进行了著名的双缝实验，该实验是证明光具有波动性的重要里程碑。实验中，他通过一块光源照射两个微小的狭缝，观察到在屏幕上形成了一系列明暗相间的干涉条纹。双缝实验的结果表明，光波在通过两个缝隙后会发生干涉现象，产生干涉条纹。这一现象只能通过波动性来解释，因为只有波动可以产生干涉。

2. 奥古斯特·菲涅尔

奥古斯特·菲涅尔在光学方面的工作包括对透镜的研究。他发展了一种新型的透镜，被称为菲涅尔透镜，用于改善光学设备的性能。菲涅尔还通过对光的反射和折射的研究，进一步支持了光的波动性理论。他的工作帮助人们理解光在不同介质中的传播方式。

3. 安德烈·安普尔的工作

安德烈·安普尔对光的干涉和衍射进行了深入研究，并提出了安普尔环的概念。这是一种在干涉现象中产生的圆环形图案，对于研究光的波动性具有重要意义。安普尔等科学家还开发了电磁波理论，该理论进一步加强了光是一种波动的观点。电磁波理论为电磁波和光波的统一提供了基础。

综上所述，19 世纪初，杨、菲涅尔和安普尔等科学家推动了光的波动性理论的发展。他们的实验和理论奠定了现代光学的基础，深刻影响了我们对光的理解和光学技术的发展。光的波动性理论为解释光的干涉、衍射和反射现象提供了坚实的理论基础。

（六）光的电磁理论

克拉克·麦克斯韦的电磁理论对于光学的发展产生了深远的影响。

1. 电磁波的提出

（1）电场和磁场的统一理论

麦克斯韦的伟大成就之一是将电场和磁场统一在一起，形成了电磁场的统一理论。著名的麦克斯韦方程组描述了电场和磁场如何相互作用和传播。这一理论的关键思想是变化的电场可以产生磁场，反之亦然，这在电磁波的传播中起到了关键作用。

（2）预言电磁波的存在

麦克斯韦的电磁理论预言了电磁波的存在。他的方程组表明，当电场和磁场在空间中变化时，它们会相互激发并形成传播的波动。这就是电磁波，而光波被认为是电磁波的一种。

2. 光的电磁性质

（1）电磁光学

克拉克·麦克斯韦的电磁理论揭示了光是一种电磁波，这对于电磁光学的发展具有重要意义。它解释了光波在不同介质中的折射和反射，以及在介质中的传播方式。

（2）光速的测量

麦克斯韦的理论有助于光速的精确测量。他的方程组表明，光速是电磁波传播的速度，而通过测量光速，科学家们能够精确了解光的本质。

3. 现代光学的奠基

麦克斯韦的电磁理论为电磁光学的应用奠定了基础。这一理论的深化和发展促进了光学领域的研究和技术应用，包括光的偏振、干涉及衍射等现象的解释和应用。

克拉克·麦克斯韦的电磁理论是光学领域的重要里程碑之一，它深化了对光的本质的理解，并促进了现代光学科学的发展。光的电磁性质的揭示为电磁光学和电磁波的研究提供了基础，对通信技术、光学仪器等领域的发展产生了巨大影响。

（七）相对论和光速不变性

1. 光速不变性的重要性

光速不变性原理的提出打破了牛顿力学的框架，为狭义相对论的形成奠定了基础。这个原理表明无论观察者的运动状态如何，光的速度始终保持不变，即始终等于光在真空中的速度。这个观点颠覆了传统的时间和空间观念，引领了新的物理学范式。

2. 狭义相对论和时间膨胀

爱因斯坦的狭义相对论揭示了当物体以接近光速的速度运动时，时间相对于静止观察者会变慢，这一现象被称为时间膨胀。这个理论得到了实验证实，例如，高速飞行的飞船上的钟比地面上的钟走得更慢。这意味着光速不仅是最大的速度，还是时空中的基本常数。

3. 质能关系和光速

爱因斯坦的著名公式 $E=mc^2$ 表明质量和能量之间存在等价关系，其中光速 c 的平方是转换因子。这一公式说明，光具有能量，能够产生物体的质量变化。这个理论对原子核物理和核能产生了重大影响，同时也加深了光与能量、质量之间的紧密联系。

4. 广义相对论和引力透镜效应

爱因斯坦的广义相对论进一步描述了引力与时空的关系。根据这一理论，光线在引力场中弯曲，导致引力透镜效应。这一效应在太阳附近的星光被弯曲而使其观测位置发生变化的实验中首次验证，支持了相对论的预测。它也为理解宇宙中的引力现象提供了新的视角。

相对论和光速不变性的发现重新定义了光的本质和时空。它们深化了光学理论，推动了现代光学技术的发展，同时也在基础物理学和天文学中产生了深远的影响。

二、光学的体系

（一）几何光学

几何光学是光学研究的一个重要分支，它主要关注光的传播和与物体之间的相互作用，通常在光波波长远小于观察物体尺寸的情况下应用。

1. 光的传播

几何光学假设光以直线的方式传播，这意味着光线在均匀介质中传播时是直线。这个假设在大多数实际情况下都是成立的，因此可以有效地描述光的传播路径。

2. 折射和反射

几何光学用斯内尔定律来描述光线从一个介质进入另一个介质时的折射现象，以及光线在界面上的反射。这些现象是光学中重要的基础概念，被广泛应用于设计光学元件和系统。

3. 成像

几何光学理论可用于分析和预测成像过程。通过追踪光线的路径，可以确定物体在成像平面上的位置和性质，从而设计出各种光学设备，如相机、望远镜和显微镜。

4. 光学仪器

几何光学的原理在光学仪器的设计和制造中起到关键作用。例如，望远镜和显微镜都是基于几何光学的原理工作的，它们扩展了我们对远处和微观世界的观察能力。

5. 光的路径

几何光学用射线追踪法描述光线在光学系统中的路径。这有助于理解光的行为，包括聚焦、散射和色散等现象。

几何光学提供了一种简化光学问题的方法，特别是在处理大多数光学系统时，其中光的波动性可以忽略不计。它的原理和方法在科学、工程和日常生活中都有广泛的应用，为我们理解和利用光的行为提供了有力工具。

（二）物理光学

物理光学是光学研究的另一个重要分支，它深入探讨了光的波动性质和与物质相互作用的复杂现象。

1. 光的波动性

物理光学的核心概念之一是光的波动性。光被视为一种电磁波，它可以通过波动模型来描述。这与几何光学的光线模型形成了鲜明对比，物理光学更适用于处理光波波长与物体尺寸相当的情况。

2. 干涉

干涉是光波相互叠加产生的明暗条纹的现象。物理光学用干涉理论来解释这些干涉条纹的形成，它有助于我们理解光的波动性如何影响光的行为。干涉在光学仪器中的应用广泛，如干涉仪器和光谱仪。

3. 衍射

衍射是光波在通过小孔或物体边缘时发生偏折和扩散的现象。物理光学理论用数学方程描述衍射的模式和强度分布。这对于解释显微镜中的分辨率限制以及光学器件的性能至关重要。

4. 偏振

物理光学研究光波的偏振状态，即光波振动方向的定向性。偏振是许多光学应用的重要参数，如液晶显示器、偏振片和 3D 眼镜等。

5. 干涉仪器

物理光学的原理广泛应用于干涉仪器的设计和制造，如迈克尔逊干涉仪和弗朗福干涉仪。这些仪器用于测量光波的性质、光源的稳定性和其他精密测量。

6. 光学材料

物理光学研究材料与光的相互作用，包括吸收、散射和折射等现象。这对于光学材料的设计和优化以满足不同应用的要求非常重要。

物理光学提供了更深入的理解光波的行为和性质的工具，尤其在处理波长相对较长的光波和微观物体时非常有用。物理光学的原理和技术使我们能够更全面地理解和利用光，从而推动了光学领域的发展和创新。

（三）光的电磁理论

光的电磁理论是现代光学的一个重要分支，它基于电磁场和电磁波的理论，深入研究了光的本质和行为。

1. 电磁波理论

光的电磁理论的核心是电磁波的概念。它认为光是一种电场和磁场交替振荡的电磁波，这些振荡以光速传播。这个理论的奠基人是克拉克·麦克斯韦，他提出了麦克斯韦方程组，描述了电场和磁场如何相互作用和传播。

2. 电磁场与光波

光的电磁理论将光与电磁场的振荡相联系。电场和磁场垂直于光传播方向振荡，并在波的前进方向上形成电磁波。这种理论帮助我们理解光波的偏振、频率和波长等性质。

3. 光速不变性

根据光的电磁理论，光速在各个参考系中都以相同的速度传播，这是爱因斯坦相对论中的基本原理之一。光速不变性对于解释自然界中的光学现象和电磁波的性质非常关键。

4. 光的吸收和发射

电磁理论还解释了物质与光的相互作用，包括光的吸收和发射。当光与物质相互作用时，电子会受到激发，并在辐射过程中发射光子，这有助于光的吸收和发射谱线的观察和分析。

光的电磁理论为我们提供了一种深入理解光和电磁波的方式，它不仅解释了光的本质，还将光与电磁波的其他方面联系在一起。这个理论对于解释自然界中的光学现象和发展现代技术具有重要意义。

（四）光学应用

光学是一门应用广泛的科学领域，它在许多不同领域都有重要的应用。

① 激光（激光器）是一种高度集中的光束，具有高亮度、单色性和相干性。激光技术在医学、通信、制造业、军事和科学研究等领域得到广泛应用。它用于激光切割、激光焊接、激光标记、激光医疗治疗等。

② 光纤通信利用光纤传输光信号，具有高带宽、低损耗和抗干扰性能。它是现代通信系统的关键技术，支撑了互联网、电话、电视等信息传输。

③ 光学成像包括摄影、摄像、望远镜、显微镜等应用。这些设备利

用光的折射、反射和散射来捕捉、放大和显示图像。它们在医学、天文学、生物学、工程和娱乐中都有应用。

④ 光谱学研究光的频谱成分，用于分析物质的组成、结构和性质。它在化学、天文学、地质学和环境科学中广泛应用，包括质谱、紫外可见光谱、红外光谱等。

⑤ 显微镜用于观察微观世界，望远镜用于观察远处的天体。它们扩展了对微观和宇宙的认识，为科学研究提供了关键工具。

⑥ 光学材料具有特殊的光学性质，如透明、折射、反射和吸收。这些材料用于制造光学元件，如透镜、棱镜、滤光片和反射镜。

⑦ 光学传感器使用光学原理来检测和测量物理量，如温度、压力、湿度和化学成分。它们在工业自动化、医疗诊断和环境监测中发挥着重要作用。

⑧ 激光雷达利用激光束来测量距离和形状，广泛应用于测绘、导航、遥感和自动驾驶领域。

总的来说，光学应用覆盖了各个领域，为现代科学、工程和技术提供了不可或缺的工具和解决方案。光学的进步和创新继续推动着科学和技术的发展，对人类社会产生了深远的影响。

（五）非线性光学

非线性光学是一门光学分支，主要研究光与物质相互作用时出现的非线性效应。这些效应通常在高光强下才会显现，并包括一系列有趣的现象和应用。

① 倍频是一种非线性效应，其中光波在通过非线性介质时，会生成新的频率成分。这个过程在激光技术和光学通信中很有用，可以产生特定频率的光信号。

② 在非线性光学中，当光波通过介质时，可以产生自聚焦现象。这意味着光束的中心部分会自动聚集在一起，产生高光强区域，有助于产生微焦点或增强局部光强度。

③ 光学孤子是一种特殊的波动解，它在非线性介质中可以保持其形状和振幅。这些孤子可用于数据传输和通信中，因为它们能够在长距离传输中稳定地保持光信号的形状。

④ 在非线性介质中，光波的频率可以发生自频移，导致频谱变宽，产生超连续谱。这对于光源的频谱扩展和光谱测量非常重要。

⑤ 非线性光学在光通信、激光制备、超快激光和光学成像等领域具有广泛应用。例如，光纤激光器和超快激光系统利用非线性效应来产生短脉冲和高光强。

⑥ 非线性光学通常需要使用非线性介质，这些介质对高光强更为敏感。其中包括非线性晶体、光纤和光子晶体等。

⑦ 数学模型和理论方法用于描述非线性光学效应，这些模型包括非线性薛定谔方程、光学布洛赫方程等。

非线性光学提供了一种丰富多彩的领域，其中光与物质相互作用以不同的方式产生新的光学效应。这些效应不仅扩展了我们对光的理解，还为各种应用提供了新的可能性，包括更高效的光源、激光加工、光通信和光学成像。

（六）光学工程

光学工程是一个综合性领域，涵盖了将光学原理应用于实际系统和设备设计的各个方面。

① 在光学工程中，专家设计和制造各种类型的光学仪器，如望远镜、显微镜、摄像机、激光器等。这需要精确计算光路、透镜和镜片的形状，以实现所需的性能。

② 在许多应用中，需要优化整个光学系统，以确保最佳性能。这可能涉及优化透镜的配置、光路的设计，以及光学元件的选择，以满足特定的要求。

③ 激光技术在光学工程中具有广泛的应用，包括激光切割、激光焊接、激光雷达等。光学工程师设计和开发激光系统，以满足不同行业的需求。

④ 光学传感器用于测量光的属性，如光强、波长、极化等。在光学工程中，设计和制造各种类型的传感器，从医学成像到环境监测均有应用。

⑤ 光学工程师研究和选择不同类型的光学材料，以满足特定应用的要求。他们还研究光学涂层，以增强光学元件的性能。

⑥ 成像技术是光学工程中的一个关键领域。工程师研究如何将光线聚焦到感光元件上，以获得清晰的图像。这在医学成像、卫星遥感、摄影等领域都有重要应用。

⑦ 光学工程也涉及光学通信系统的设计和优化。这包括光纤通信系统、光放大器、光调制器等的开发。

⑧ 光学工程不仅涉及设计，还包括实际制造和装配光学元件和系统的过程。这需要高精度的加工和装配技术。

光学工程是一个多领域的研究，其应用范围非常广泛。光学工程师在科学研究、医学、通信、制造业、军事等领域都发挥着重要作用，推动着现代技术和应用的发展。利用光学原理和技术解决各种复杂的问题，从而改善我们的生活质量并推动科学进步。光学历史包括了古代哲学、中世纪科学、文艺复兴时期的探索和现代光学的发展。光学体系涵盖了几何光学、物理光学、电磁光学、光学工程、光子学等多个领域，为科学、工程和应用技术提供了丰富的工具和方法。光学的研究和应用在现代社会中具有广泛而重要的影响。

第三节　量子光学

一、光的量子性质

1. 光子的特性

（1）离散能量

光子的能量是量子化的，这意味着光的能量只能以离散、分立的方式存在。普朗克常数 h 的存在导致了这种离散性，因此光子的能量与其频率 ν 成正比，$E=h\nu$。这解释了为什么不同颜色的光具有不同的能量，而这些能级在光谱中呈现为明确的线条。例如，在氢光谱中，不同的谱线对应于电子跃迁时所释放或吸收的光子能量的不同离散级别。

（2）波粒二象性

光子的波粒二象性是量子力学的核心特征之一。光子既可以被视为粒子，也可以被视为波动。在干涉和衍射实验中，光子可以表现出波动性。在双缝干涉实验中，单个光子通过两个狭缝时，它会同时穿过两个狭缝并在屏幕上形成干涉条纹。这一现象突显了光子的波动性。

光子的波粒二象性具有广泛的应用。在量子力学中，这一概念不仅适用于光子，还适用于其他微观粒子，如电子。它解释了为什么微粒可以在波动性和粒子性之间转换，这在解释微观世界中的各种现象和实验中起到关键作用。

总的来说，光子的特性对于光学和量子力学至关重要。它们深化了我们对光和微观粒子行为的理解，为许多现代技术和应用提供了基础，并促进了量子力学领域的发展。光子的离散能量和波粒二象性是我们理解自然界中微观粒子行为的关键概念之一。

2. 光的量子干涉

（1）干涉

干涉是一种波动性现象，它发生在两个或多个波通过叠加而产生的区域内。在光学中，干涉通常涉及两个或多个光波相遇并在某个区域内相互叠加。当两个光波的峰值或谷值彼此重合时，会产生增强的干涉效应，而当峰值与谷值相互重合时，则会产生相消干涉效应。这种叠加现象导致了光强的变化，从而在干涉图案中形成了明暗条纹。

（2）单光子干涉

在现代科技的支持下，科学家已经能够实施单光子干涉实验。这种实验进一步证明了光子的波动性和粒子性。在单光子干涉实验中，单个光子一个接一个地通过一系列光学元件后，在屏幕上产生了干涉条纹，就像经典干涉实验中那样。这意味着即使在极低的光强条件下，单个光子也能够表现出干涉效应，这是光子波动性的微观证据之一。

干涉是光学中的重要现象，它不仅帮助我们理解光的波动性，还在各种应用中发挥关键作用。在干涉仪器中，干涉现象用于测量长度、测试光学元件、研究材料性质等。此外，干涉也在激光干涉测量、光谱学、显微镜、天文学和量子光学等领域有广泛的应用。干涉不仅对光学科学具有重要意义，还为各种技术和应用提供了有力工具。从杨的双缝实验到单光子干涉实验，这一现象的研究深化了我们对光子性质的理解，对于解释光学和量子力学中的各种现象和实验起到了关键作用。

3. 光的粒子性

光的粒子性是光学和量子力学领域的一个重要概念，它表明光不仅具有波动性质，还可以看作由离散的光子组成。

（1）光电效应

光电效应是一项关键的实验，用于证明光的粒子性质。在光电效应中，当光子击中金属或其他物质表面时，它们可以将束缚在物质中的电子释放出来，导致电子流的产生。这个过程表明光子携带着离散的能量，并且能量与光的频率成正比。如果光子的能量不足以克服原子对电子的束缚，光电效应将不会发生。这个实验的结果证明了光的粒子性质，因为只有粒子性质才能解释光子与物质之间的相互作用。

（2）光子的能量量子化

光子的粒子性质表现在其能量的量子化上。根据普朗克量子理论，光子的能量与其频率成正比，$E=hv$，其中 E 是光子的能量，h 是普朗克常数，v 是光的频率。这表示光的能量是离散的，只能具有特定的数值。不同频率的光子具有不同能量水平，这种能量量子化现象在光电效应等实验中得到了明确证实。

（3）光子的统计性质

光子是一种玻色子，遵循玻色—爱因斯坦统计。这意味着多个光子可以占据相同的量子态，不受排斥，这在激光和玻色－爱因斯坦凝聚等领域具有重要应用。与费米子不同，玻色子允许多个粒子同时处于相同的量子状态，这导致了一些奇特的量子效应。

4. 光子的统计性质

光子的统计性质是量子光学和统计物理领域的一个关键概念，主要基于玻色－爱因斯坦统计和费米－狄拉克统计原理。

（1）玻色－爱因斯坦统计

光子是一种玻色粒子，它遵循玻色－爱因斯坦统计原理。这一统计原理表明，多个光子可以同时占据相同的量子态，而不受排斥。这意味着在光子系统中，任意多个光子可以处于相同的能级，具有相同的能量和动量。这一性质对于激光技术的发展具有重要意义。

（2）玻色－爱因斯坦凝聚

当低温条件下的玻色粒子（如冷原子或光子）遵循玻色－爱因斯坦统计时，它们可以集体占据基态，形成所谓的玻色－爱因斯坦凝聚。这个现象在冷原子气体中被观察到，也被用于光学晶格中的光子。玻色－爱因斯坦凝聚在量子计算和量子通信领域具有潜在应用。

费米子与玻色子对比不同，费米子遵循费米－狄拉克统计原理，它规定不同粒子不能占据相同的量子态，因此存在排斥作用。这导致了电子的排斥，以及电子能级填充的方式，如能带结构。

玻色－爱因斯坦统计原理为光子的统计性质提供了重要框架，允许多个光子同时占据相同的量子态。这一性质在激光技术、玻色－爱因斯坦凝聚和其他光子相关研究领域产生了深远的影响，为光学和量子物理学的发展提供了重要支持，这些更详细的内容强调了光的量子性质的复杂性和深刻性，以及光子在解释这些现象中的关键作用。光的量子性质不仅在理论物理学中具有重要地位，还在技术应用领域，如量子通信和量子计算中，发挥着关键作用。理解光子的行为有助于我们更全面地理解自然界，并开发出许多革命性的技术和应用。

二、量子光学中的量子态

在量子光学中，量子态是光子的量子性质的核心概念。光子是光的基本构成单位，而其行为在量子力学框架下有着严格的规则和数学描述。

1. 单光子态

单光子态是描述光的基本单元，即单个光子的量子状态。在光学领域中，光子是电磁辐射的离散能量单位，它们既具有粒子性质，又具有波动性质，这是量子物理的重要特征之一。

光子的量子性质可以通过波函数来描述，波函数是一个数学函数，用于描述光子的量子状态。波函数包含了多个参数，其中最重要的之一是极化状态。光子的极化状态描述了其电场振荡的方向，可以是水平极化（电场在水平方向振荡）、垂直极化（电场在垂直方向振荡）、左旋圆极化或右旋圆极化。这些不同的极化状态对于光子的相互作用和性质具有重要影响。

单光子态还可以是量子叠加态，这意味着光子可以处于多个可能的极化状态的线性组合中。这种性质在量子信息处理和量子通信中具有重要应用，因为它允许光子实现量子比特的超位置，从而扩展了量子计算和通信的潜力。

尽管单光子态是描述光子粒子性质的量子态，但光子仍然表现出波动性质。这可以在实验中通过干涉和衍射实验来观察到，这些实验表明单个光子可以表现出波动性和干涉效应。

总的来说，单光子态是量子光学中一个关键的概念，它允许我们深入研究和理解光子的量子行为。这些态在量子计算、量子通信、激光技术等现代光学和量子物理领域中具有广泛的应用，推动了许多前沿科研和技术创新。光子的波粒二象性使其成为了量子世界中的重要角色。

2. 量子叠加态

量子叠加态是量子光学中的一个关键概念，它描述了光子可以同时处于多个可能的量子态之间的线性组合。这种性质是量子力学的核心原理之一，与经典物理世界中的叠加概念有着根本性的区别。在光学领域，特别是在量子信息处理和光子操控中，量子叠加态具有重要的理论和实际应用价值。

在量子力学中，一个物理系统的状态可以由一个或多个波函数来描述。波函数是一个复数函数，它包含了系统的所有可能状态的信息。当一个系统处于叠加态时，它的波函数是多个基本态的线性组合。这意味着系统同时具有多个可能的状态，而不仅是其中一个。光子也可以处于这种叠加态中。

在光学中，光子的极化状态是一个常见的描述光子状态的方式。一个光子可以处于不同的极化状态，如水平极化、垂直极化、左旋圆极化或右旋圆极化。当多个光子处于叠加态时，它们的极化状态是这些可能状态的线性组合。例如，一个光子可以处于水平极化和垂直极化的叠加态中，表示为（$|H\rangle+|V\rangle$）/ $\sqrt{2}$，其中$|H\rangle$表示水平极化，$|V\rangle$表示垂直极化，$\sqrt{2}$是一个归一化因子。

量子叠加态在量子信息处理中具有重要应用。光子是量子计算中的理想候选粒子，因为它们稳定性高、传播速度快，并且能够以量子叠加态的方式存储和传递信息。量子比特是量子计算的基本单元，它可以同时处于 0 和 1 的叠加态，从而提高了计算的并行性和效率。此外，量子叠加态还用于光量子通信和量子密钥分发等领域，提供了更高水平的信息安全性。

量子叠加态是量子光学中的一个重要概念，它允许光子以一种独特的方式同时处于多个可能状态，这在量子信息处理和光子操控中具有关键作用。它代表了量子世界中的一种非经典现象，为未来的量子技术和量子通信打开了广阔的前景。通过利用光子的量子叠加态，科学家们正在不断推动着量子计算和通信等领域的前沿研究和技术发展。

3. 相干态

相干态是一种非常特殊和重要的量子态，通常用于描述光的性质，尤其是激光光束。它们在光学和量子光学领域具有广泛的应用，因为它们具有一些独特的性质，使其在干涉实验、激光技术、激光干涉仪器和量子光学实验中发挥着关键作用。

相干态是一种光的量子态，其中的光子具有非常稳定的相位关系。这意味着在相干态中，光的波动性质在时间和空间上保持得非常一致和稳定。相干光的波峰和波谷之间的相位差恒定，因此它们在干涉实验中表现出明显的干涉效应。

相干光的一个重要特性是其具有明确的波长和频率。这使得相干光能够形成清晰的光学干涉图案，如干涉条纹或干涉环，这些图案在实验室测量、激光技术和精密测量中非常有用。例如，在 Michelson 干涉仪器中，使用相干光进行测量可以实现极高的精度，用于测量长度、折射率和其他光学参数。

激光技术也是相干光的一个典型应用领域。激光光束通常是相干的，具有高度稳定的相位和频率。这使得激光能够实现高度定向、强度一致的光束，用于各种应用，包括医疗、通信、材料加工和科学研究。

在量子光学实验中，相干态也具有特殊价值。它可用于量子光学中的许多实验，如量子信息处理和光量子计算。在这些应用中，相干光的稳定性和确定性对于实现量子态操作和量子纠缠非常关键。

总的来说，相干态是光学和量子光学中的关键概念，它描述了光的稳定相位关系和明确的频率特性。这使得它在干涉测量、激光技术和量子光学实验中发挥着关键作用。相干光的特性为许多现代科学和技术应用提供了基础，使我们能够进行高精度的测量、通信、量子计算等各种任务。

4. 纠缠态

纠缠态是多光子态的一种形式，其中光子之间存在特殊的量子关联。这些关联使得光子的测量结果在空间上或极化上彼此关联，即使它们被分开，仍然存在着瞬时的信息传递。纠缠态在量子通信和量子密钥分发中有着重要的应用。

5. 编码和量子比特

量子态可以用于信息编码和传输。在量子信息处理中，光子的不同量子态被用来表示量子比特，从而实现量子计算和量子通信中的信息传输和处理。

6. 量子态演化

光的量子态可以受到外部影响和测量的影响而演化。通过量子力学的规则，科学家可以预测光子量子态的演化，这对实验设计和量子技术的应用非常重要。

总的来说，量子光学中的量子态是一个丰富和复杂的领域，它允许科学家研究和探索光子的量子性质。这些量子态的性质和相互作用对于量子信息处理、光子操控和量子技术的发展具有重要意义，因此一直是量子光学研究的核心内容。

三、量子干涉和量子纠缠

量子光学是量子力学和光学的交叉领域，研究光的量子性质，包括光的干涉和纠缠现象。在这方面，量子光学为我们提供了一种深入了解光的本质的方式，它不仅深刻地影响了基础物理学的理论，还在实际应用中产生了许多重要的影响。以下是有关量子干涉和量子纠缠的详细内容。

（一）量子干涉

1. 干涉现象的量子特性

在物理学中，光的干涉现象展现了光的波动性和粒子性之间的独特关系，这在量子物理中具有特殊的意义。在经典物理学中，干涉是由波的相对相位引起的，它解释了波的叠加效应，即波的两个或多个部分相遇时如何相互增强或抵消。这种现象可以用传统的波动理论完美解释，如水波的干涉或声波的干涉。

然而，在量子物理中，光的干涉现象涉及到光子的波粒二象性，这是一项具有革命性意义的发现。在著名的双缝干涉实验中，单个光子被发射并通过两个狭缝后，在屏幕上产生出一系列干涉条纹，就像波动性的干涉一样。这一观察结果表明，尽管光子被认为是光的粒子，但它们仍然表现出波动性。

这个实验的关键是，即使将光子一个接一个地发射，它们仍然会产生出干涉条纹，这表明每个光子都似乎“知道”它们应该在何处干涉。这引发了对量子干涉的深刻思考。在量子物理中，光子的波函数描述了它的量子态，这是一种数学函数，可以用来计算光子在不同位置的概率分布。干涉现象实际上是不同波函数叠加的结果，产生了明显的干涉效应。

因此，量子干涉表明，即使在微观粒子水平上，粒子也不仅是粒子，它同时具有波动性质，这一观念是量子力学的核心概念之一。这个实验也在物理学中引发了许多深刻的思考，如波函数坍缩和测量问题，它们至今仍然是活跃的研究领域，挑战着我们对自然界的理解。这个实验的结果改变了我们对光和物质的看法，揭示了量子世界中独特而令人惊奇的现象。

2. 单光子干涉

单光子干涉实验是量子光学领域中的一项关键实验，它直接证明了光子的波粒二象性。在这种实验中，科学家能够逐个释放单个光子，而这些光子最终在屏幕上形成了干涉条纹，就像经典的双缝干涉实验一样。

这一实验的重要性在于它挑战了经典物理学的观念。在经典物理学中，光被视为连续的电磁波，干涉现象是由波的相对相位引起的，而不是由离散的粒子引起的。然而，单光子干涉实验表明，即使在光的强度非常低的情况下，单个光子也能够表现出干涉效应，这直接暗示了光子具有波动性质。

这种实验的结果对于量子力学的理解至关重要，因为它强调了光子既具有粒子性质又具有波动性质。这个观点被量子力学广泛接受，光子的波粒二象性成为量子理论的核心概念之一。

3. 光的极化干涉

光的极化干涉是量子光学领域中的一个重要分支，它涉及光子的极化状态与干涉效应之间的关系。极化是光的一个重要特性，描述了光波中电场矢量的振动方向。光可以是线偏极化的、圆偏极化的，或者椭圆偏极化的，而极化干涉就是研究在不同极化状态下光的干涉现象。

通过调整光子的极化状态，我们可以控制干涉效应，这在量子通信和量子计算等领域具有重要应用。例如，在量子通信中，极化编码被广泛用于量子密钥分发，其中光子的极化状态被用来编码和传输信息。在量子计算中，极化干涉可以用于创建量子比特，以进行量子信息处理。

（二）量子纠缠

1. 量子纠缠概念

量子纠缠是量子力学的基本概念之一，描述了两个或多个粒子之间存在的特殊关联性。这意味着一个粒子的状态测量会立即影响到与之纠缠的其他粒子的状态，即使它们在空间上相隔很远。这一现象被爱因斯坦称为“幽灵般的遥远作用”。

2. EPR 悖论

爱因斯坦–波恩–波多尔斯基（EPR）悖论是量子纠缠的经典例子。这个悖论提出了两个纠缠粒子之间的关联性，即使它们之间的距离很远，测量一个粒子的状态将立即告诉你关于另一个粒子的信息。

3. 量子纠缠应用

量子纠缠在量子通信和量子计算领域具有广泛的应用。例如，量子纠缠可以用于安全的量子密钥分发，实现远程量子通信，以及进行量子计算，其速度和能力远远超过了传统计算。

量子光学研究了光的量子性质，包括光的干涉和纠缠现象。这一领域的研究不仅有助于深化对光的理解，还在量子技术和通信领域产生了许多重要的应用。量子干涉和量子纠缠的理论和实验研究将继续推动科学的发展。

四、量子光学的未来

随着量子技术的快速发展，量子光学在当今科学领域扮演着至关重要的角色，并将继续展示其巨大的潜力。

1. 量子计算

量子计算是一个备受关注的领域，其中量子比特的量子特性可用于执行复杂的计算任务，远远超越了传统计算机的计算能力。量子光学中的光子被广泛用作量子比特的载体，因为它们具有良好的相干性和低噪声性质。未来，量子光学将继续为量子计算的发展提供重要支持。

2. 量子通信

量子通信领域的目标是构建安全的通信系统，其中信息传输基于量子密钥分发和量子隐形传态等量子特性。量子光学在量子密钥分发和量子隐形传态中扮演着关键角色。未来的研究将聚焦于开发更高效、更长距离的量子通信系统，以满足日益增长的网络安全需求。

3. 量子传感

量子光学还在精密测量和传感领域展示了巨大潜力。利用量子纠缠和干涉效应，科学家已经开发出了高精度的量子传感器，例如，用于测量磁场、电场和重力的传感器。未来的发展将有助于制造更灵敏的量子传感器，用于医学、地质学、导航和基础科学研究。

4. 量子成像

量子光学技术也可以用于高分辨率成像。量子成像的原理是通过探测被测物体反射或散射的光子，以获得具有极高分辨率的图像。这一技术在医学成像、材料科学和生命科学领域具有广泛的应用前景。

5. 基础科学研究

量子光学还将在基础科学研究中发挥关键作用，帮助科学家们更好地理解自然现象。通过研究光子的量子特性，可以深入研究量子力学的基本原理，以及光与物质之间的相互作用。

总的来说，量子光学是一个充满挑战和机遇的领域，它不仅深化了我们对光的理解，还为新型量子技术的发展提供了基础。量子光学的研究有助于推动科学和工程的进步，拓展了我们对自然界和光的认识。

第四节　光电子学

光电子学是一门研究光与电子相互作用的学科，旨在理解和应用光子（光的量子）与电子之间的相互关系。这个领域涵盖了广泛的研究主题和应用领域。

一、光电效应

光电效应，作为光电子学领域的核心概念，扮演着极其重要的角色。它深入研究了光子（光的量子）与物质之间的相互作用，特别是在光子撞击物质表面时，如何引发电子的释放。这一现象的探究不仅推动了科学的发展，也催生出了许多现代技术应用，其中包括光电池、光电二极管和光电倍增管等。以下将深入探讨光电效应的关键方面，以及它在光电子学中的重要性。

光电效应的关键在于光子的能量，当光子与物质相互作用时，如果其能量足够高，就能克服物质束缚电子的吸引力，导致部分电子被释放出来，这些被释放的电子被称为光电子。这个现象在 20 世纪初开始进行详细研究，并且它的理论解释在量子物理的早期发展中扮演了关键角色。爱因斯坦在 1905 年提出了著名的光电效应方程，通过这个方程，可以了解光子能量与光电子动能之间的关系。

光电效应的应用广泛而深远。光电池是其中一个重要应用领域，它利用光电效应将太阳光转化为电能。这项技术已经成为可再生能源的主要来源之一，为全球提供清洁能源。光电二极管在光通信中起到关键作用，它能够将光信号转换为电信号，用于数据传输和通信网络。而光电倍增管则用于在低光强条件下增强光信号，例如，在夜视仪器中应用。

另一个重要方面是光电效应的量子性质。研究发现，光子不仅是传统的粒子，还表现出波动性。这个发现深刻地影响了量子物理的发展，强调了量子理论在光学中的重要性。现代科学家能够进行单光子干涉实验，证明即使在低光强下，单个光子也可以表现出干涉现象，这进一步加深了对光的波粒二象性的理解。

光电效应不仅为光电子学提供了坚实的理论基础，还在众多技术应用中发挥着关键作用，推动了可再生能源、通信技术和科学研究等领域的不断进步。通过深入研究和应用光电效应，可以更好地理解光的性质，并将其转化为创新的技术解决方案，为未来的能源需求和通信要求提供可行的答案。光电效应的探索之旅还在继续，可以期待更多令人兴奋的发现和应用。

二、光电子能谱学

光电子能谱学是一门研究材料中电子能级和能带结构的重要学科。它的核心在于通过光电子发射实验，精确测量材料中电子的能量分布，从而揭示材料的电子结构和性质。这一领域在物质科学和凝聚态物理中具有广泛的应用，对于深入理解材料的电子行为及开发新型材料和技术具有重要意义。

在光电子发射实验中，材料样品首先暴露于光源的光束下。光子（光的量子）击中材料表面，能量足够大以克服材料的束缚力，从而将电子从材料中解离出来。这些解离出的电子被称为光电子。通过测量光电子的动能和飞行时间，可以得出电子的能量分布情况，形成所谓的光电子能谱。光电子能谱学不仅能提供有关电子的能带结构和电子能级的信息，还能反映出电子的角分布和自旋信息，这对于深入理解材料的电子性质至关重要。

光电子能谱学广泛应用于各种材料的研究中。在半导体领域，它帮助科学家们研究半导体的能带结构和载流子行为，有助于开发更高性能的电子器件。在金属材料中，光电子能谱学可用于研究电子的费米能级和电子输运性质。在绝缘体和分子材料中，它可以提供关于能带隙和分子轨道结构的关键信息。

此外，光电子能谱学还被广泛应用于材料表面和界面的研究。研究材料表面的电子结构对于理解表面反应、催化和薄膜生长等过程至关重要。通过光电子能谱学，科学家们能够探测表面吸附物种、界面电荷转移和表面态等表面现象，为表面科学提供了有力的工具。

总之，光电子能谱学是一个关键的研究领域，它通过光电子发射实验，深入研究材料中电子的能级和能带结构，为材料科学、凝聚态物理和表面科学等领域的发展做出了重要贡献。随着技术的不断进步，光电子能谱学将继续发挥关键作用，帮助我们更好地理解和利用各种材料的电子性质。

三、光电子显微镜

光电子显微镜（PEM）是一种强大的表面分析工具，它通过发射的光电子来观察材料的表面结构和成分。这种显微镜在材料科学、纳米技术和表面科学领域非常有用，为科学家们提供了深入了解材料表面性质的机会。

光电子显微镜的工作原理基于光电效应，该效应已在前面进行了详细介绍。当材料表面暴露于光源的光束下时，光子击中表面并释放电子，这些电子被称为光电子。这些光电子的能量和数量与材料的表面性质和成分密切相关。通过测量光电子的能谱，可以获得关于材料表面的详细信息，包括表面成分、电子态密度、晶格结构和电子分布等。

光电子显微镜通常包括一个用于产生光子束的光源，以及一个用于支持材料样品的样品台。当光束照射到样品表面时，光电子被解离出来并收集到光电子能谱仪中进行分析。光电子能谱仪可以测量光电子的动能和数量，进而提供关于样品表面的信息。根据所使用的光源和检测器类型的不同，光电子显微镜可以提供不同的表面分析模式，如 X 射线光电子能谱（XPS）和紫外光电子能谱（UPS）等。

光电子显微镜在材料科学中具有广泛的应用。它可以用于研究材料的表面化学成分，检测表面污染物，分析界面电荷转移过程，研究纳米结构的电子性质，以及观察表面形貌和拓扑结构。此外，光电子显微镜还可用于生物医学领域，研究生物样品的表面性质和分子吸附行为。

光电子显微镜是一种强大的表面分析工具，它通过光电子发射原理，使科学家们能够深入研究材料表面的性质和成分。这种显微镜在材料科学、纳米技术、表面科学和生物医学研究中发挥着不可替代的作用，有助于推动科学和技术的发展。

四、激光技术

激光技术是光电子学领域中的一个重要组成部分，它利用激光光束的高度聚焦性和定向性进行各种应用。激光是光放大器产生的光通过受激辐射所产生的一种电磁辐射，它在科学、工程、医学等多个领域都具有广泛的应用。

激光的特点之一是高度聚焦性。激光束是由高度一致的光子组成的，这使得激光能够聚焦在非常小的区域内。这种高度聚焦的能力使得激光在微加工和精密测量领域中得到广泛应用。例如，在微电子制造中，激光可以用来刻蚀微小的电路结构，而在生命科学中，激光可以用来进行显微镜成像，观察细胞和组织的微观结构。

另一个重要特性是激光的定向性。激光光束的方向性非常好，光子的传播是高度一致的。这使得激光在通信和传输领域具有巨大的潜力。光纤通信系统中广泛使用激光光源，以实现高速和远距离的数据传输。激光束的定向性还使其成为测量和探测领域的理想工具，例如，在激光雷达和遥感中的应用。

激光还具有可调谐性，这意味着可以通过调整激光器的参数来控制激光的波长和频率。这一特性对于分光光谱学和光谱分析非常有用。科学家们可以使用激光光谱学来分析物质的成分和性质，例如，在化学分析和环境监测中。

此外，激光也在医学成像和治疗中广泛应用。激光成像技术可以用于获得高分辨率的医学图像，帮助医生诊断和治疗疾病。激光手术则可以精确地切割组织，用于眼科手术、皮肤手术、牙科治疗等。

激光技术在光电子学中扮演着重要的角色，其高度聚焦性、定向性和可调谐性使其在科学、工程、通信、医学和其他领域中具有广泛的应用前景。随着激光技术的不断发展和改进，它将继续为各种领域带来创新和进步。

五、量子电子学

量子电子学作为光电子学领域的一个重要分支，涵盖了多个关键领域，包括量子计算、量子通信和量子信息处理。这些领域共同构成了量子电子学的核心，并在科学和技术领域引发了巨大的兴趣和发展。

（一）量子计算

量子计算是量子电子学的一个重要分支，旨在利用量子比特（量子位）的叠加性质来执行计算任务。传统计算机使用比特（0 和 1）来存储和处理信息，而量子计算机使用量子比特，这些比特可以同时处于多个状态之间。这种叠加性质使得量子计算机在某些特定的计算任务上具有巨大的优势，如因子分解、优化和模拟复杂量子系统。量子电子学的研究有助于开发和改进量子计算机的关键组件，如量子比特的控制和量子纠缠。

（二）量子通信

量子通信是另一个重要的应用领域，它利用量子特性来实现安全和隐私保护通信。量子密钥的分发是量子通信的一个关键应用，它使用量子比特来生成和分发加密密钥，确保通信的安全性。量子通信技术有望改变未来的网络安全格局，因为它克服了传统加密方法中存在的一些漏洞，如公钥加密算法的易受到量子计算攻击的问题。量子电子学的研究有助于开发更安全的量子通信协议和系统。

（三）量子信息处理

量子信息处理是研究如何利用量子比特的特殊性质来执行信息存储、传输和处理任务的领域。这包括量子编码、量子纠错和量子通信协议的研究。量子信息处理的目标是提高信息处理的效率和安全性，为未来的通信和计算提供更强大的工具。量子电子学的研究有助于解决量子信息处理中的关键挑战，如量子比特的长时间稳定性和互操作性。

量子电子学是一个多领域的交叉学科，涵盖了量子计算、量子通信和量子信息处理等关键领域。这些领域的不断发展和创新有望为科学、工程和通信领域带来重大的变革和进步。量子电子学的研究和应用将继续推动量子技术的发展，并为解决复杂的科学和工程问题提供新的途径和方法。

六、光电子器件

光电子学领域产生了众多重要的光电子器件，这些器件在不同领域中发挥着关键作用，从太阳能电池到激光器，都为现代科技和工业进步提供了重要的工具和应用。以下是一些典型的光电子器件及其应用。

（一）太阳电池

太阳电池是一种将太阳能转化为电能的器件。它们广泛应用于可再生能源领域，如太阳能发电板和光伏电池，以供电和减少对化石燃料的依赖。太阳电池的不断改进使之成为清洁能源产业的核心组成部分。

（二）光电二极管

光电二极管（LED）是一种半导体器件，它可以将电能转化为可见光。LED 被广泛用于照明、显示屏、指示灯和通信等领域。由于其高效能和长寿命，LED 技术已经取代了传统的白炽灯泡和荧光灯。

（三）激光器

激光器是一种能够产生高度定向、单色和相干光束的器件。它们在通信、医疗、切割、焊接和材料加工领域中应用广泛。激光器的研究和发展促进了激光技术的快速增长，成为现代科技的重要组成部分。

（四）光电探测器

光电探测器是一种用于检测光信号的器件，包括光电二极管、光电倍增管和光电导航器等。它们在光学通信、遥感、天文学、生物医学成像和安全监控领域中起到关键作用，用于捕捉和测量光信号。

（五）光纤

光纤技术是一项革命性的通信和数据传输技术，已经深刻地改变了现代社会和科技领域的方方面面。它的基本工作原理涉及到光信号的传输，通过光的全反射现象实现高效数据传输。光纤的发展历史可以追溯到 19 世纪末，但真正的突破发生在 20 世纪 60 年代和 70 年代，使其成为通信领域的主要技术之一。现在，全球范围内已建立起庞大的光纤网络，为人们提供高速、高带宽的通信和数据传输服务。

光纤包括单模光纤和多模光纤，它们适用于不同的应用场景。单模光纤通常用于长距离通信，而多模光纤用于短距离数据传输。光纤的应用领域广泛，主要包括通信领域，如电话网络、互联网、电视信号传输和数据中心互连。此外，它还在医疗领域用于内窥镜、激光手术和诊断设备。工业、军事、航空航天和科学研究领域也都有着光纤的应用。

随着技术的不断进步，光纤通信变得更加高效和可靠。光纤通信的速度和带宽不断提高，使得高清视频、云计算和物联网等新兴技术得以实现。未来，随着 5G 网络的推广和新兴技术的崭露头角，光纤将继续为人们提供更快、更可靠的数据传输方式，推动社会的数字化和智能化发展。

（六）光电倍增管

光电倍增管（PMT）是一种高度敏感的粒子探测器，具有广泛的应用领域，尤其在科学研究和医学成像方面发挥着重要作用。它的工作原理基于光电效应，能够将微弱的光信号转化为电子信号并进行倍增，从而提高了信号的强度和可检测性。

光电倍增管的结构相对复杂，但其基本原理可以简单描述如下：当光子撞击光电管阴极时，光电管阴极会发射出电子，这个过程称为光电效应。这些发射的电子会被聚焦和加速，然后经过一系列的倍增二极管，其中每个二极管都会将电子数量翻倍，从而产生大量的电子。最终，这些电子流会到达收集极，生成一个电流信号，该信号与原始的光子信号强度成正比。

光电倍增管具有多个优点，使其成为许多应用领域的首选探测器之一。第一，它具有极高的灵敏度，能够检测到极微弱的光信号，这对于科学研究中的低能量粒子或弱光源至关重要。第二，光电倍增管具有广泛的线性响应范围，可测量多个信号强度级别。第三，它的时间分辨率很高，能够精确测量信号的时间间隔，适用于时间相关实验。

在科学研究领域，光电倍增管被广泛用于核物理实验、粒子物理实验和天文学观测等，用于探测和测量各种类型的粒子和光子。在医学成像领域，光电倍增管被用于放射性核素的探测和荧光显微镜等设备，用于医学诊断和研究。这些光电子器件的不断创新和发展推动了现代科学和工程领域的进步，为人们提供了更高效、更精确和更可靠的工具和应用。光电子学的研究和应用将继续影响我们的生活，为未来的科技创新和发展提供坚实的基础。

第五节　光谱学

光谱学是一门研究光与物质相互作用的科学领域，它涉及光的吸收、发射、散射和传播等过程的研究。光谱学的主要目标是通过分析物质与光的相互作用来获取关于物质性质和组成的信息。这个领域在多个科学领域中都具有广泛的应用，包括物理学、化学、天文学、地球科学、生物学及工程技术等。

（一）光谱

光谱学是一门关于光与物质相互作用的科学领域。它通过分解和记录光信号，根据不同波长或频率来研究物质性质和组成。这个领域的重要性在于它在多个科学领域和应用中的广泛应用。

光谱学的起源可以追溯到牛顿在 17 世纪的光谱分解实验，当时他通过将光通过三棱镜，将光分解为不同颜色的光谱，揭示了光的波长差异。这个实验奠定了光谱学的基础。

光谱学的发展导致了各种类型的光谱仪器的出现，用于不同的应用领域。

① 分光光度计可用于测量样品对特定波长光的吸收或透射。它们在化学、生物学、环境科学等领域中用于分析样品的成分和浓度。

② 质谱仪用于分析化合物的质量和结构。它通过将样品中的分子分解成离子并测量它们的质量和相对丰度来实现这一目标。质谱在生物化学、药物研究、环境分析等领域中具有广泛应用。

③ 核磁共振光谱仪用于分析核磁共振现象，从而确定样品中不同核的位置和环境。它在化学、生物学和医学研究中用于研究分子结构和相互作用。

④ 原子吸收光谱仪用于测量样品中金属离子的浓度。它在环境监

测、食品分析和地质研究等领域中广泛用于确定金属元素的存在和浓度。

⑤ 拉曼光谱仪用于分析样品散射光中的频率变化，提供关于分子振动和晶体结构的信息。它在化学、材料科学和生物医学研究中有广泛应用。

光谱学的应用领域包括科学研究、工业控制、医学诊断、食品检测、材料分析等多个领域。通过光谱学，科学家们可以深入了解物质的性质，推动了许多科学和技术领域的发展。

（二）吸收光谱

吸收光谱学是光谱学中的一个重要分支，它研究物质对不同波长或频率的光吸收的行为。吸收光谱通过测量物质在不同波长的光照射下吸收的光强度来揭示物质的性质和组成。这个领域在化学、生物化学、物理学、材料科学等多个领域中具有广泛的应用。

吸收光谱的原理基于分子或原子吸收光子的能级跃迁。当物质暴露在光源下时，它会吸收与能级跃迁匹配的光子，并转移到一个激发态。这导致了吸收光谱中的吸收带的出现，其中光强度与波长或频率呈现出特定的关系。通过测量吸收光谱中吸收带的位置、强度和形状，可以获取有关物质性质的信息。

紫外可见吸收光谱是吸收光谱学中的一个重要分支，它研究分子中的电子能级跃迁。在紫外可见吸收光谱中，通常使用紫外和可见光范围内的光来照射样品。分子中的电子能级跃迁会导致在吸收光谱中出现吸收带，每个吸收带对应着一种电子跃迁。通过分析吸收带的位置和形状，可以确定分子中的化学键类型、存在的官能团及浓度等信息。

吸收光谱在许多领域中具有广泛应用。在化学中，它用于确定化学反应的进程和产物，分析物质的纯度和浓度，以及研究反应机理。在生物化学中，吸收光谱被用于研究蛋白质、核酸和生物大分子的结构和功能。在材料科学中，吸收光谱可用于分析材料的光学性质、电子结构和能带结构。

吸收光谱学是一门关键的分析技术，它通过研究物质对光的吸收行为，提供了深入了解物质性质和组成的途径，为科学研究和应用技术提供了有力的工具。

（三）发射光谱

发射光谱学是光谱学的一个重要领域，它关注物质在受激激发后发射的光信号的波长和强度分布。这一领域的研究对于理解原子、分子和晶体的能级结构、电子跃迁过程，以及放射性同位素的检测具有重要意义。发射光谱学在科学研究和应用中发挥着关键作用。

一种常见的发射光谱技术是荧光光谱。荧光是指物质受到紫外光、X射线或其他激发源激发后，发射出具有较长波长的光。荧光光谱测量物质在不同波长的激发下发出的荧光光强度，从而可以确定物质的成分、浓度和光学性质。荧光光谱广泛应用于生物化学、环境科学、医学诊断、材料科学等领域。例如，荧光标记技术用于追踪生物分子，如蛋白质和核酸，还可以用于监测环境中的污染物。

另一种重要的发射光谱技术是拉曼光谱。拉曼光谱通过测量物质散射光的频率变化来提供关于物质的信息。当光散射物质表面或体积时，其中一部分光子的频率会发生拉曼散射，频率的变化与物质的分子振动和晶格结构有关。因此，拉曼光谱可以用于分析物质的分子结构、晶体性质和化学成分。它在化学、材料科学、生物学等领域中有广泛的应用。

发射光谱学是一门重要的分析技术，通过研究物质在受激激发后发出的光信号，提供了深入了解物质结构、性质和组成的途径。荧光光谱和拉曼光谱等发射光谱技术在科学研究、工业应用和医学诊断中发挥着重要作用。

（四）散射光谱

散射光谱学是光谱学的一个重要分支，专门研究光在物质中散射的现象。散射是指光的波动与物质中的微粒相互作用，导致光的传播方向和频率发生变化。这些变化包括拉曼散射、散射光谱和散射角分布等，这些变化引出的技术在科学研究中广泛应用。

一种重要的散射光谱技术是拉曼散射。拉曼散射是指入射光与物质相互作用后，散射光的频率发生变化，其中一部分光子的频率升高，而另一部分光子的频率降低。这种频率变化提供了关于物质的信息，如分子振动、晶格结构和成分。拉曼光谱可用于研究化学物质的组成、分子结构和反应动力学，广泛应用于化学、材料科学和生物学领域。

另一种散射光谱技术是散射光谱，它研究入射光在物质中散射后的强度和频率分布。散射光谱可用于分析物质的大小、形状和表面特性。例如，动态光散射光谱可用于测量颗粒的大小和浓度，是纳米材料研究的重要工具。此外，散射光谱还用于研究胶体溶液、生物分子和聚合物等复杂体系。

散射角分布是散射光谱学的重要方面，它研究入射光在物质中散射后的角度分布。通过测量散射角分布，可以获得有关物质的结构和大小的信息。这对于研究纳米粒子、胶体体系和生物分子的组织结构非常重要。

总的来说，散射光谱学是一门广泛应用的分析技术，通过研究光在物质中散射的行为，提供了深入了解物质结构、大小、形状和表面特性的途径。拉曼散射、散射光谱和散射角分布等技术在科学研究、工业应用和医学诊断中具有广泛的应用前景。

（五）光谱分析

光谱分析是光谱学的一个关键领域，旨在从光谱数据中提取有关物质的定量和定性信息。这一领域的发展使科学家能够深入了解物质的性质、组成和结构，从而在许多领域中应用广泛。

光谱分析方法主要包括峰识别和光谱库匹配。

1. 峰识别

当物质与光相互作用时，产生的光谱通常包含多个峰，这些峰对应于不同的能级跃迁或分子振动。峰识别是通过分析光谱中峰的位置、形状和强度来确定物质的性质。这种方法在光谱学中广泛用于识别化合物、确定分子结构和研究分子反应。

2. 光谱库匹配

这种方法涉及将实验测得的光谱数据与已知的光谱库进行比较，以识别未知物质的成分。光谱库中包含了各种物质的光谱数据，如化合物、元素和分子。光谱库匹配在分析未知样品中的化学成分时非常有用，例如，在环境监测和食品安全领域。

化学定量分析是光谱学中的另一个关键应用。通过测量光谱中特定峰的强度或面积，可以确定物质的浓度。这在实验室和工业中用于分析化学样品中的成分，如药物、污染物和化学反应中的中间产物。

总的来说，光谱分析是一种强大的工具，用于理解物质的性质和组成。通过峰识别、光谱库匹配和化学定量分析等方法，科学家能够从光谱数据中提取有关物质的宝贵信息。这些信息在化学、生物学、材料科学、环境科学等多个领域中发挥着重要作用，为解决实际问题提供了有力支持。

第六节　薄膜光学

薄膜光学是研究薄膜对光的交互作用和光学性质的科学领域。它涉及薄膜材料的制备、光学性质的测量和分析，以及薄膜在各种应用中的应用，包括反射镜、透镜、光学涂层和传感器等。

一、薄膜的光学性质

薄膜的光学性质是薄膜光学领域的核心概念，它涉及了薄膜材料对光的相互作用，研究了薄膜材料如何影响光的传播。这些性质对于设计光学器件、改善光学性能，以及在各种应用中实现特定光学效果至关重要。以下是有关薄膜的光学性质的详细信息。

（一）吸收

薄膜的光学吸收特性是一个重要而复杂的领域，它涉及到薄膜材料如何与不同波长和强度的光相互作用。这些特性在多个领域中都具有关键性意义，包括太阳能科学、光谱学、光学设计和激光技术等领域。

关于薄膜的吸收特性包括波长依赖性、吸收截面和吸收谱。

1. 波长依赖性

薄膜的吸收特性随光的波长而变化。某些波长的光被薄膜材料吸收，而其他波长的光则可以透射或反射。波长依赖性是由薄膜材料的电子结构和能级引起的。不同材料对不同波长的光有不同的吸收截面，这意味着它们在吸收不同波长的光时表现出不同的效率。

2. 吸收截面

吸收截面是描述材料对光的吸收效率的参数。它表示在单位面积上，材料吸收入射光的截面积。吸收截面通常与波长相关，因此在不同波长下，同一种材料的吸收截面可能会有所不同。科学家使用吸收截面来定量描述光与薄膜之间的相互作用。

3. 吸收谱

吸收谱是描述材料对光吸收的频率或波长分布。它通常以图形的形式呈现，显示了在不同波长下材料对光的吸收程度。吸收谱是确定材料的光学特性和能级结构的有力工具。通过分析吸收谱，可以了解材料对光的响应方式及它们的电子结构。

（二）反射

薄膜的光学性质是光学科学和工程中一个重要的研究领域。它研究的是薄膜对光的相互作用和响应。薄膜可以是一层薄薄的材料，也可以是多层膜的叠加。这些薄膜对于控制光的传播、吸收、反射和干涉等过程具有重要作用。

薄膜光学不仅是一门理论学科，还有着广泛的应用。科学家和工程师利用薄膜的折射率、入射角和波长特性，设计和制造各种光学器件，从而实现精确的光控制和光学功能。这些器件在激光技术、光通信、医学成像和太阳能应用等领域中发挥着重要作用，推动了光学科学和技术的不断发展和创新。薄膜光学的研究和应用前景非常广阔，将继续在各个领域产生重大影响。

（三）透射

透射是光学中一项重要的现象，它描述了光线穿过材料或薄膜并继续传播的过程。透射性质由多个因素决定，其中包括薄膜的折射率、厚度，以及入射光的波长和角度。这些因素共同影响着光线在薄膜中的传播方式和强度，从而决定了透射率和透射光的性质。

薄膜的折射率是透射性质的重要参数之一。折射率描述了光在不同介质中传播时的速度变化和弯曲程度。当光线从一种介质（如空气）进入另一种介质（如玻璃或薄膜）时，其折射率的变化会导致光线的弯曲。这一弯曲过程是透射的基础。

薄膜的厚度是另一个决定透射性质的关键因素。薄膜的厚度与光的波长相比可以很小，这会导致干涉效应的发生。当光线穿过薄膜时，反射和透射光之间会发生干涉，这会影响透射光的强度和波形。通过调整薄膜的厚度，可以实现对特定波长的光的增强或抑制，从而实现光学滤波和色散效应。

入射光的角度也会影响透射性质。当光线以不同的角度入射到薄膜表面时，其透射角度和路径会发生变化。这种现象在折射定律中有明确的描述，即入射角、透射角和折射率之间存在一定关系。通过调整入射角，可以改变透射光的方向和强度。

透射性质在光学领域具有广泛的应用。例如，光学涂层和薄膜可以被设计成具有特定的透射特性，用于调节入射光的颜色、波形和强度。这在太阳能电池、光学滤波器、激光器件和眼镜镜片等领域中非常重要。

此外，透明材料的透射性质也用于制造光学元件，如透镜和棱镜，以实现光的聚焦、分散和偏折。

（四）干涉

光学干涉是一种光学现象，当光波相互叠加时，会产生明暗相间的干涉条纹。这种现象是由于入射光波的不同路径长度引起的相位差，这些相位差会导致光波在叠加处相互干涉，形成明暗条纹。

光学干涉可以用于许多应用，包括测量薄膜厚度、研究光学涂层、检测表面形貌及制造干涉仪器等。在薄膜厚度测量中，通过观察干涉条纹的间距和颜色，可以确定薄膜的厚度。在光学涂层研究中，干涉可以用来检测涂层的均匀性和性能。对于表面形貌的检测，干涉技术可以精确地测量表面的高低差异。而在干涉仪器的制造中，光学干涉是关键的原理之一，用于测量长度、角度和波长等。

光学干涉是一种重要的光学现象，它在科学研究和工程应用中有着广泛的应用。通过精确控制和测量干涉条纹，可以获取有关物体性质和结构的重要信息，为许多领域的研究和应用提供了有力工具。

（五）波长和角度依赖性

薄膜的光学性质在不同波长和角度下表现出显著的变化，这一特性对于多个领域的研究和应用至关重要。

在光学设计中，了解薄膜的波长依赖性是至关重要的。例如，在设计光学滤波器时，需要考虑薄膜对不同波长光的反射、透射和吸收特性。通过精确控制薄膜的厚度和折射率，可以实现对特定波长的光的选择性传输，这在光通信和传感应用中具有重要意义。

角度依赖性也是薄膜光学性质的关键因素。当入射光的角度发生变化时，薄膜中的光传播方式会发生改变，这被称为布拉格散射。这一现象在光栅和光学镜片的设计中起到关键作用，允许控制和操纵光的传播方向。

光谱学是另一个领域，薄膜的波长依赖性对于分析物质的光谱非常重要。通过测量不同波长的入射光与薄膜的相互作用，可以获取有关物质的结构和化学性质的信息。这对于分析分子、表面涂层和材料的光学性质至关重要。

色彩管理是另一个应用领域，其中薄膜的光学性质用于调整和控制颜色的表现。例如，在显示器和印刷技术中，通过使用多层薄膜来调整对不同波长的光的传播和反射，可以实现准确的色彩再现。

总之，薄膜的光学性质在多个领域中具有广泛的应用。对于光学设计、材料研究、光谱学和色彩管理等应用，了解和控制薄膜在不同波长和角度下的行为是实现高性能光学系统和设备的关键因素。

二、多层薄膜

多层薄膜是由多个薄膜层叠加而成的结构，每个薄膜层都具有特定的光学性质和厚度。这种结构的设计允许精确地控制和调整入射光的光学性质，以实现各种特定的光学功能。

多层薄膜的光学性质是通过选择合适的薄膜材料、调整每个层的厚度，以及控制界面特性来实现的。这种精确的设计使得多层薄膜在吸收、反射、透射和干涉等方面表现出卓越的性能。

在光学滤波器中，多层薄膜广泛应用。通过设计多层薄膜的结构，可以实现对特定波长的光的选择性透射或阻塞。这在光谱学、成像和传感器应用中具有重要意义。

反射镜是另一个多层薄膜的重要应用。通过选择材料和调整薄膜层的厚度，可以设计出高效的反射镜，用于反射特定波长范围内的光。这在激光器、光学仪器和望远镜等领域中发挥关键作用。

干涉镜也是多层薄膜的应用之一。干涉镜利用多层薄膜的干涉效应来调整和操控光的相位和强度。这对于干涉光谱学、激光干涉测量和光学干涉仪等领域具有重要意义。

多层薄膜的设计和制备是一门复杂的工程学科，通常涉及材料科学、光学设计和薄膜制备技术。现代技术使得研究人员能够精确控制多层薄膜的结构，以满足各种应用的需求。

总之，多层薄膜是一种具有广泛应用前景的光学材料，其精确的光学性质设计使其在光学滤波器、反射镜、干涉镜和其他光学元件中发挥着关键作用。它在光学设计和应用中的重要性将继续增加，为光学领域的进步提供了无限可能。

三、薄膜涂层

薄膜涂层是一种将薄膜材料应用于其他材料表面的技术，以实现特定的光学效果和功能。这种涂层技术在各个领域中得到了广泛应用，包括眼镜、相机镜头、光学仪器、太阳电池、显示屏和激光器件等。

（一）抗反射涂层

抗反射涂层是一种广泛应用于眼镜、相机镜头和光学仪器上的薄膜涂层。它们旨在减少光的反射，提高透射率，并减少光学镜头中的干扰光晕。这种涂层通过调整薄膜的折射率和厚度，使得入射光不再发生完全的反射，而是部分进入涂层并部分透射，从而减少反射。

（二）光学滤波涂层

光学滤波涂层是一种用于选择性透射或阻挡特定波长光的薄膜涂层。它们在成像、光谱学和传感器中发挥着关键作用。通过设计多层薄膜的结构，可以实现对特定波长范围内光的控制，例如，在红外光学系统中使用的热红外滤波器。

（三）光学反射涂层

光学反射涂层用于制造高效的反射镜。这些涂层被设计成反射特定波长的光，而将其他波长的光透射或吸收。它们在激光器、干涉仪和天文望远镜等领域中得到广泛应用。

（四）光学薄膜太阳电池

薄膜涂层还用于太阳电池技术中，以提高光的吸收和电子传导效率。光学薄膜太阳电池通常包括多层薄膜结构，其中各层的材料和厚度都经过精确设计，以最大限度地提高太阳能的转化效率。

（五）光学涂层制备技术

制备高质量的光学涂层通常需要使用物理气相沉积，化学气相沉积、溅射、蒸发和离子束辅助沉积等先进的涂层技术。这些技术可以实现对薄膜材料的精确控制，确保所需的光学性能。

四、光学薄膜材料

光学薄膜材料在薄膜光学中起着至关重要的作用，因为它们的选择和特性直接影响了薄膜涂层的性能和应用。关于光学薄膜材料的综合内容包括以下几点。

① 二氧化硅（SiO_2）：二氧化硅是最常用的光学薄膜材料之一。它具有良好的化学稳定性和光学透过性，适用于各种光学涂层，如抗反射涂层和光学滤波器。二氧化硅的折射率和厚度可以调节，以实现特定光学性质。

② 氧化铌（Nb_2O_5）：氧化铌是另一个常见的光学薄膜材料，通常用于高折射率的涂层。它在反射镜、干涉镜和光学薄膜太阳能电池等领域中得到广泛应用。

③ 氧化锗（GeO_2）：氧化锗是用于红外和远红外范围的光学薄膜的常见材料。它的特性使其适用于红外光谱学和红外成像等应用。

④ 氟化物材料：氟化物材料如氟化锌（ZnF_2）和氟化镁（MgF_2）具有低折射率和高透过率，常用于制备抗反射涂层和干涉镜。

⑤ 稀土氟化物：稀土氟化物材料如氟化钬（HoF_3）和氟化铥（TmF_3）在红外光学领域中有应用，具有优异的光学性质。

⑥ 金属材料：金属材料如铝（Al）和银（Ag）常用于制备金属镜、反射镜和光学滤波器。

⑦ 多层薄膜材料：多层薄膜通常由不同材料层叠组成，以实现特定的光学功能。这些材料的选择和排列可以通过设计来控制反射、透射和干涉等性质。

⑧ 有机薄膜材料：有机薄膜材料如聚合物和有机化合物在某些应用中也得到了广泛应用，特别是在柔性光电子器件和光学涂层中。

光学薄膜材料的选择通常取决于所需的光学性质、波长范围、环境条件和应用需求。通过精确控制薄膜材料的组合、厚度和结构，可以实现各种光学功能，包括抗反射、反射、透射、色彩滤波、分光和干涉等。因此，光学薄膜材料在光学设计和应用中具有不可替代的地位，不断推动着光学技术的发展和创新。

第二章
太阳能与太阳电池

第一节　太阳能概述

太阳能是一种可再生能源，它源自太阳，是地球上最丰富的能源之一。太阳能可以转化为电能或热能，广泛应用于多个领域，包括发电、供热、照明、水热系统、交通和更多领域。以下是太阳能的概述。

一、太阳能的原理

太阳能的原理是建立在太阳辐射的能量转化基础上的，它涉及太阳能如何被捕获和利用。

（一）太阳能的光能转化

太阳能是一种可再生能源，它的原理是利用太阳光的能量来产生电能或提供热能。太阳光是由太阳核心的核聚变反应产生的电磁辐射，包括可见光、紫外线和红外线等不同波长的光。这些光子以光速传播，穿越太阳系中的太空，最终到达地球。

太阳能的原理涉及太阳核心核聚变反应、太阳光的传播和不同波长和频率的光子，这些光子包括可见光、紫外线和红外线等。太阳能可以通过光伏电池和太阳能热能系统等技术捕获和利用，将太阳能转化为电能或热能，用于供电、供热、热水等用途。

太阳能的利用已广泛应用于屋顶太阳能电池板、太阳能热水器、太阳能发电站等领域，为减少对化石能源的依赖、降低温室气体排放、保护环境和推动可持续发展提供了重要支持。太阳能是一种清洁、可再生的能源，具有广阔的发展前景。

（二）太阳能捕获

太阳能系统采用多种不同的技术来捕获太阳辐射的能量，以满足各种用途的需求。主要用以下两种技术对太阳能进行捕获。

1. 光伏电池（太阳电池）

光伏电池是最常见的太阳能捕获技术之一。它们利用半导体材料的光电效应，将太阳能直接转化为电能。当太阳光照射到光伏电池的表面时，光子撞击半导体中的原子，激发电子，从而产生电流。这种电流可以被用来供电，给电池充电，或者输送到电网中以给其他设备供电。光伏电池广泛应用于家庭和工业用途，从小型太阳能电池板到大型太阳能发电站均有应用。

2. 太阳能热能系统

太阳能热能系统通过太阳能集热器捕获太阳光的热能。该系统通常包括反射镜或聚光器，将太阳光聚焦在集热器的一个点上，产生高温热能。这种热能可以用于供暖、热水生产、发电和工业过程等各种应用。太阳能热能系统可以分为两类：集中式系统和分布式系统。集中式系统将热能集中在一个点上，通常用于大规模能源生产，而分布式系统将热能分散在多个地点，适用于小型家庭和企业。

这两种太阳能捕获技术都具有清洁、可再生的特点，有助于减少对化石燃料的依赖，减少温室气体排放，推动可持续发展。在全球范围内，太阳能系统的安装和利用不断增长，为更加环保和可持续的能源未来奠定了基础。

（三）光伏电池的原理

光伏电池，也称为太阳电池，是一种利用太阳光来产生电能的技术。这项技术基于光电效应，通过半导体材料将太阳能转化为电流。光伏电池的主要工作原理是，当太阳光照射到半导体材料上时，光子与原子相互作用，激发出电子并形成电流。这个电流可以用来给各种电器和设备供电。

硅是最常用的光伏电池材料之一，因为它具有良好的半导体性能、稳定性和广泛的可用性。其他类型的光伏电池使用不同的半导体材料，以实现更高的效率和更轻便的设计。光伏电池广泛应用于住宅、商业和工业领域，用于发电、供电家庭和建筑物、充电电池、供电移动设备、为远程地区提供电力，以及与电网连接以供应多个用户。

总的来说，光伏电池是一种清洁、可再生的能源技术，对减少温室气体排放、降低能源成本，以及实现可持续能源供应具有重要意义。它在全球范围内得到广泛采用，随着技术的不断进步，光伏电池的效率和成本效益正在不断提高，为可持续能源未来的发展提供了巨大潜力。

（四）太阳能热能的原理

太阳能热能系统是一种利用太阳能来产生热能的技术。它的工作原理基于太阳光的集热和热传递过程。系统包括集热器、热媒介、热贮存和系统控制。集热器用来聚焦太阳光，提高温度。热媒介是受热的流体，将热能传递到需要的地方。热贮存用于存贮多余的热能。系统控制监测和控制系统的运行。太阳能热能系统可用于供暖、热水、制冷和发电等多种应用，特别适合阳光充足的地区。随着技术进步，这些系统的效率和性能不断提高，为可持续和环保的热能来源提供了可能性。

二、太阳能发电

太阳能发电是一种利用太阳辐射能量的可再生能源技术。其原理是通过太阳能电池板或太阳能热能系统捕获太阳光的能量，将其转化为电能或热能，以满足各种用途的能源需求。

（一）光伏太阳能发电

光伏太阳能发电是一种重要的清洁能源技术，它的原理是利用太阳光的能量来产生电能。太阳能电池板是核心组件，由半导体材料如硅制成，它们能够将太阳能转化为电流。光伏系统可以安装在各种地方，包括建筑物的屋顶、地面、停车场遮阳棚等，最常见的是屋顶安装。一些光伏系统与电网连接，称为网联光伏系统，它们可以将多余的电能馈入电网，并在需要时从电网获取电能，有助于电能供需的平衡。还有一些光伏系统是离网的，它们独立运行，不依赖于电网供电，通常包括电池储能系统，用于存储白天产生的多余电能，以便在夜晚或天气不佳时使用。光伏太阳能发电是一种环保且可持续的能源生产方式，不产生温室气体排放，有助于减缓气候变化带来的影响和改善环境质量。

这项技术的应用领域广泛，包括家庭住宅、商业建筑、工业制造、农业、交通运输、水处理、环境保护和科研，可用于供电、供热、供冷、供水、供气、供电动交通工具等多个用途。

总的来说，光伏太阳能发电是一项具有巨大潜力的能源技术，有望在未来减少对化石燃料的依赖，提供清洁、可再生的能源，为可持续发展做出贡献。

（二）太阳能热能系统

太阳能热能系统是一种利用太阳能来产生热能的技术，它的原理是通过太阳能集热器将太阳光转化为热能，然后利用这些热能来满足各个应用领域的需求。以下是太阳能热能系统的一些关键特点和应用领域。

1. 太阳能集热器

太阳能热能系统的核心组件是太阳能集热器，这些集热器是设计用来捕获太阳光并将其转化为热能的装置。太阳能集热器的设计和类型各不相同，根据特定应用和性能需求的不同，可以选择不同类型的集热器。以下是一些常见的太阳能集热器类型及其工作原理。

（1）太阳能热管集热器

太阳能热管集热器是一种高效的太阳能热能收集仪器。

在集热器中，有一个密封的管道系统，通常呈U形或直线形状，内部充满了热传导液体。这个管道系统的外部覆盖着太阳吸收材料，通常是高吸收率的表面涂层。当太阳光照射到集热器的表面时，吸收材料吸收太阳光的能量，并将其转化为热能。

随着吸收材料吸热，集热器表面的温度升高。这个热量迅速传导到内部的热传导液体中。热传导液体通常是一种特殊的混合物，如水和乙二醇。其目的是有效地传输和贮存热量。

随后，加热的热传导液体流向需要热能的地方，如热水供应系统、供暖系统或其他工业过程。在这些应用中，高温的热传导液体可以提供所需的热能。

太阳能热管集热器的优点包括高效的能量转换、可调节的温度控制、适用于各种气候条件及可持续的能源供应。它们有助于减少对传统能源的依赖，从而降低能源成本，减少环境污染，是清洁能源技术的重要组成部分。

（2）平板集热器

平板集热器是太阳能收集技术的一种，主要用于捕获太阳能并将其转化为热能，以供应热水、供暖、游泳池加热等应用。平板集热器通常由以下几个组成部分构成。

1）吸热表面

这是集热器的顶部表面，通常涂成黑色或使用高吸热率的材料，以便最大程度地吸收太阳光的能量。

2）绝热层

位于吸热表面下方，用于减少热量损失，确保吸收的热能有效地传递到热传导液体中。

3）盖板

通常由玻璃或透明塑料制成，覆盖在吸热表面上，允许太阳光透过，并起到保温作用。

平板集热器工作原理相对简单。当太阳光照射到吸热表面时，吸热表面吸收太阳光的能量，将其转化为热能。这导致吸热表面升温，并将热量传递给位于其下方的热传导液体。绝热层有助于减少热量的散失，确保尽可能多的热能被传递到液体中。

平板集热器中使用的热传导液体通常是一种混合物，如水和乙二醇。这种液体能够高效地传输和贮存热能，并在需要时将热能传递到热水供应系统、供暖系统或其他热能应用中。

这种类型的太阳能集热器广泛应用于不同领域，包括家庭热水供应、供暖系统、游泳池加热、工业热水供应等。它们提供了一种清洁、可再生的热能源，可以显著减少对传统能源的依赖，降低能源成本，同时对环境产生的影响也较小。

（3）抛物面镜集热器

抛物面镜集热器是一种高效的太阳能集热技术，它使用抛物面形状的反射镜或反光面将太阳光聚焦在一个点上，这个点被称为焦点。在焦点处通常放置一个热传导装置，如管道或贮罐，以捕获集中的热量。

抛物面镜集热器的工作原理基于光学原理。抛物面的几何形状具有独特的性质，能够将从各个方向射入的太阳光线反射到一个焦点上。这个焦点处的光线汇聚产生高温区域，因此适用于高温应用。通常，反射面被精确设计成抛物线形状，以确保光线能够准确地汇聚在焦点上。

抛物面镜集热器广泛应用于需要高温热能的领域。其中一个主要应用是太阳能发电系统，如塔式太阳能发电站。在这些系统中，抛物面镜将太阳光集中在热媒体流体或热传导装置上，产生高温蒸汽，驱动发电机发电。此外，抛物面镜集热器也用于热处理、蒸馏等。

抛物面镜集热器具有高度集中太阳能的能力，因此可以实现高温度的集热，适用于高温要求的应用。它们还具有可调焦点的能力，可以跟踪太阳的位置，以最大程度地捕获太阳能。此外，抛物面镜集热器不需要复杂的光学系统，因此相对易于制造和维护。

抛物面镜集热器的主要问题之一是需要跟踪太阳的位置，以保持焦点在集热装置上。这通常需要机械跟踪系统，增加了系统的复杂性和成本。此外，抛物面镜集热器通常适用于高温应用，不适合低温或中温应用。

2. 热水供应

太阳能热能系统在热水供应领域的广泛应用已经成为一种可持续、经济的解决方案。这些系统基于太阳能原理，通过太阳能集热器将太阳辐射转化为高温热能，然后将其用于供应热水。

太阳能热能系统的核心组成部分包括太阳能集热器、热水贮存罐和热水供应系统。它们的工作原理如下。

太阳能集热器通常安装在建筑物的屋顶或其他适当的位置，以最大程度地暴露在太阳光下。这些集热器包含一个吸热表面和一个管道系统。吸热表面吸收太阳光并将其转化为热能，然后通过管道系统将热能传递给热传导液体。

升温后的热传导液体被泵送到热水贮存罐中，通常是一个绝热的贮水箱。贮存罐中的热能积累，保持较高水温，以满足热水需求。

热水供应系统负责将热水从贮存罐输送到建筑物内的各个热水出口，如浴室、厨房和供暖系统。用户可以随时使用太阳能加热的热水，而无需额外的能源。

太阳能热能系统在热水供应领域具有多重优势，具体如下。第一，这些系统使用可再生的太阳能源，减少了对传统能源的依赖，降低了温室气体排放，有助于环境保护。第二，尽管初次投资较高，但长期看来太阳能热能系统可以显著降低能源成本，节省电力或天然气的开支。第三，经过适当的维护，这些系统可以提供可靠的热水供应，减少了能源波动的影响。

太阳能热能系统广泛应用于家庭、酒店、游泳池、温室、农业、工业等领域。它们不仅用于热水供应，还可以用于供暖、空调系统，以及工业过程中的热能需求。它们为热水供应领域带来了可持续、经济和环保的解决方案，推动了清洁能源的应用和普及。

3. 供暖系统

太阳能热能系统在供暖领域的应用是一项广泛且高效的解决方案，特别是在寒冷季节，太阳能热能系统可以为建筑物提供所需的温暖。以下是有关太阳能热能系统在供暖方面的详细信息。

（1）工作原理

太阳能热能系统的供暖过程与热水供应类似，但又有所不同。太阳能集热器将太阳光转化为高温热能，然后通过管道系统将热能传递给热传导液体。热传导液体用于传输热能到建筑物内部的供暖系统。

（2）供暖系统

在建筑物内部，太阳能热能系统可以与多种供暖系统结合使用，包括地暖系统和暖气片。地暖系统通过在地板下敷设管道来分发热能，从而提供均匀的暖气。暖气片则通过辐射热来提供供暖效果。这些供暖系统可以根据需要安装在不同的区域，例如，客厅、卧室和浴室。

（3）优势

太阳能供暖系统的主要优势之一是可持续性和节能性。它们使用太阳能作为热源，不仅减少了对传统能源的依赖，还降低了暖气和供暖成本。此外，太阳能供暖系统在提供温暖的同时，也有助于减少碳排放，从而有助于环境保护。

（4）应用领域

太阳能供暖系统适用于各种建筑类型，包括住宅、商业建筑、温室、农业设施等。它们特别适用于偏远地区或没有稳定供电的地方，因为它们不依赖电力或其他传统能源。

（5）维护和管理

太阳能供暖系统需要定期维护和管理，以确保其高效运行。这包括清洗太阳能集热器表面、检查管道系统和保持热传导液体的质量。正确的维护可以延长系统的寿命并提高性能。

太阳能供暖系统为供暖领域带来了清洁、可持续和经济的解决方案。它们不仅提供了温暖的室内环境，还有助于降低能源成本和环境影响，推动了可再生能源的应用和普及。

4. 制冷和空调

逆向循环太阳能空调系统是一种创新的应用，它利用太阳能来制冷和提供舒适的室内温度，尤其适用于炎热的气候。

（1）工作原理

逆向循环太阳能空调系统的工作原理与传统空调系统有所不同。它利用太阳能集热器捕获太阳光的热能，然后使用这些热能来制冷。这个系统采用了吸收制冷循环，其中主要的组成部分包括蒸发器、吸收器、发生器和冷凝器。通过这个过程，系统能够将热能从室内环境中吸收并将其释放到室外环境中，从而降低室内温度。

（2）优势

逆向循环太阳能空调系统的主要优势之一是可持续性。它们不依赖传统电力供应，因此可以在偏远地区或电力不稳定的地方工作。此外，这些系统减少了对化石燃料的需求，有助于减少温室气体排放，降低对环境的不利影响。

（3）适用领域

逆向循环太阳能空调系统特别适用于炎热的气候，如热带和亚热带地区。它们可以在家庭、商业建筑和工业设施中使用，提供室内的制冷效果，确保舒适的工作和生活环境。

（4）维护和管理

这些太阳能空调系统需要定期维护和管理，以确保其高效运行。这包括清洁太阳能集热器、检查制冷循环中的各个组件，以及保持系统的正常运行。适当的维护可以延长系统的寿命并提高性能。

（5）未来发展

随着可再生能源技术的不断发展，太阳能空调系统有望在未来得到更广泛的应用。它们为解决炎热气候下的制冷需求提供了环保和经济的解决方案，有助于减轻传统电力网络的压力。

5. 工业过程热能

太阳能热能系统在工业过程中的应用是一项重要的发展，它为各种行业提供了一种环保且经济高效的能源供应方式。

（1）食品加工行业

太阳能热能系统在食品加工领域得到广泛应用。食品加工通常需要大量的热能，包括热水、蒸汽和热空气。太阳能热能系统可以通过太阳能集热器将太阳光转化为高温热能，供应给食品加工设备。这有助于降低生产成本、提高能源利用效率，同时减少对化石燃料的依赖。

（2）化工制造业

化工制造是一个高能耗的行业，通常需要高温过程来生产化学产品。太阳能热能系统可以为这些高温过程提供所需的热能，从而减少能源成本。此外，它们还有助于减少工厂的碳排放，降低对环境的不利影响。

（3）烘干应用

许多工业过程需要将产品进行烘干，如纸张、木材、陶瓷等。太阳能热能系统可以提供高温热风，用于烘干过程。这不仅减少了能源成本，还有助于提高生产效率。

（4）清洁能源和可持续性

太阳能热能系统代表了清洁和可持续的能源选择。它们减少了对传统能源的依赖，降低了碳排放，有助于企业满足环保法规和可持续性目标。

（5）维护和管理

太阳能热能系统需要定期维护和管理，以确保其高效运行。这包括清洁太阳能集热器、监测热能产出及检查系统的运行状况。定期维护有助于延长系统的寿命且有助于保持其性能。

太阳能热能系统在工业过程中的应用是一种可持续的能源解决方案，不仅有助于企业节约能源成本，还有助于保护环境和减少对不可再生资源的依赖。这种技术在未来将继续得到广泛的应用，推动工业生产向更环保和可持续的方向发展。

6. 发电系统

太阳能热能系统在发电方面的应用是一项重要而创新的领域。这些系统通过将太阳能转化为热能，然后再将热能转化为电能来实现发电。

太阳能热能系统的发电原理是基于热力循环的。这些系统通常包括以下关键组件。

① 太阳能集热器是太阳能热能系统的核心组件之一。它们使用太阳能聚光器来捕获太阳光的热能，将其集中在一个点上，以产生高温。集热器可以采用不同的设计，包括平板集热器、抛物面镜集热器和太阳能塔。

② 一种热媒介，通常是油或水，用于在太阳能集热器中传输热量。当太阳光聚焦在集热器上时，热媒介受热并升温，然后将热量传输到下游的发电系统中。

③ 太阳能热能系统的发电部分通常包括蒸汽涡轮发电机及其他类型的发电机。热媒介的高温和高压状态用于驱动涡轮，使其旋转，并通过与发电机连接的发电机来产生电能。

④ 一些太阳能热能系统包括储热系统，以便在夜间或阴天时继续发电。贮热系统可以将热媒介的热量存贮在热贮罐中，并在需要时释放。

太阳能热能系统的应用范围广泛，从小型家庭供电系统到大型太阳能电站，都可以采用这种技术。一些太阳能电站采用集中式发电系统，其中大规模的太阳能集热器将太阳光聚焦在一个点上，产生高温高压的热媒介，用于发电。这些电站可以在日照充足的地区为电网提供大量电能。

太阳能热能系统的发电能力取决于太阳光的强度和持续时间及系统的设计和效率。虽然这些系统对日照敏感，但它们可以在太阳光充足的地区提供可靠的清洁能源，减少对化石燃料的依赖，有助于减少温室气体排放。

（三）网联和离网系统

太阳能发电系统的网联和离网系统是两种重要的运行模式，它们根据能源需求和可用性提供了不同的解决方案。

1. 网联系统

太阳能发电系统可以与电网连接，形成网联系统。这种系统的特点包括以下几点。

（1）电能馈入电网

当太阳能电池板产生多余的电能时，这些系统可以将多余的电能馈入电网，以供其他用户使用。这个过程被称为“电网馈入”或“电网并网”，具有多种重要的方面和优势。首先，电网馈入是太阳能系统的可行性和经济性的关键因素之一。太阳能发电系统的设计通常考虑了电网馈入，以充分利用系统产生的电能。当系统产生的电能超过用户的需求时，多余的电能可以注入电网。这种情况通常发生在白天阳光充足、电能需求较低的情况下。电网的馈入对用户而言有以下好处。

第一，电网馈入允许用户将多余的太阳能电能卖给电力公司，从而实现电费的降低甚至是电费余额的增加。这有助于提高太阳能系统的经济回报率，通常可以在一定时间内收回系统的投资成本。

第二，电网馈入有助于促进可再生能源的使用并减少对化石燃料的依赖。这有助于减少温室气体排放，应对气候变化，并实现更加可持续的能源供应。

第三，电网馈入可以提高电网的稳定性。在太阳能系统产生的电能注入电网时，它可以为电网提供额外的电源，从而减少了电力短缺的风险。

第四，电网馈入通常符合政府的可再生能源政策和法规。政府可能会提供激励措施，鼓励太阳能系统的安装和电网馈入，以推动可再生能源的发展。

综上所述，电网馈入是太阳能系统的一项重要特性，可以提供多种经济、环境和社会方面的好处。然而，具体的电网馈入政策和条件可能因地理位置和法规而异，因此在安装太阳能系统之前，用户通常需要了解并遵守当地的电力规定。

（2）从电网获取电能

太阳能系统的并网配置允许用户在太阳能发电不足时依赖电网，以确保持续供电。这种系统具有多种经济、环境和社会方面的优势，有助于推动可再生能源的发展。当太阳能系统无法产生足够的电能，例如，在夜晚或多云天气时，系统可以依赖电网来获取所需的电能，确保持续供电，不受天气条件的影响。这是太阳能系统的一个重要优势，因为太阳能发电是依赖太阳光照射的，而太阳并不是一天中都处于高照度状态。

此外，现代太阳能系统还配备了智能电力管理系统，可以实时监测电能的产生和使用情况。当系统产生多余的电能时，它可以将多余的电能馈入电网，从而节省电费。当系统产能不足时，它可以自动从电网获取额外电能，以满足用户需求。这种智能管理有助于提高太阳能系统的经济效益。

太阳能系统的并网配置还可以实现电费节省。通过太阳能系统与电网的互动，用户可以实现电费的节省。在太阳能发电充足的时候，多余的电能可以卖给电力公司，从而降低电费。在能源政策支持下，用户还可以获得太阳能电池板的购买和安装激励，进一步提高经济回报率。

除了经济上的优势，太阳能系统的并网配置还有助于减少对化石燃料的依赖，推动可再生能源的使用。这有助于减少温室气体排放，应对气候变化，实现更加可持续的能源供应。此外，太阳能系统的电网馈入可以提高电网的稳定性，为电网提供额外的电源，降低了电力短缺的风险。

总的来说，太阳能系统的网联配置为可再生能源的发展提供了强大的支持，同时也为用户提供了可靠的电力供应和经济回报。这种系统不仅有助于实现能源的可持续性，还有助于减少环境影响，是未来能源供应的重要一环。

（3）电网互联优势

太阳能系统的网联配置通常更灵活，因为它们能够最大程度地利用电网的优势。这些系统具有多方面的灵活性和经济优势，使其成为可再生能源的有力支持者。

第一，太阳能系统的网联配置允许用户将多余的电能出售给电网。这意味着当太阳光充足时，系统可以将不需要的电能馈入电网，从而实现电能的贡献。这些额外的电能可以被电力公司购买，为用户带来额外的收入。这种电能贡献不仅有助于减少个人或商业的电费支出，还有助于整个电网的稳定性，提供了额外的电源。

第二，太阳能系统的网联配置可以实现电费节省。当系统产生多余的电能时，用户可以选择将其卖给电力公司，从而降低电费。这种电费节省对于个人用户和企业来说都具有吸引力，有助于提高太阳能系统的经济回报率。

第三，现代太阳能系统配备了智能电力管理系统，可以实时监测电能的产生和使用情况。这使系统能够自动优化电能的分配，确保电能充分利用，同时最大限度地减少浪费。这种智能管理有助于提高太阳能系统的效率，进一步提高了经济效益。

最重要的是，太阳能系统的网联配置促进了可再生能源的使用。通过将多余的太阳能电能馈回电网，用户不仅可以实现经济回报，还可以积极参与可再生能源的发展。这有助于减少对传统的化石燃料的依赖，降低温室气体排放，推动可持续能源的应用。

总的来说，太阳能系统的并网配置为用户提供了多种经济和环境优势。它们可以实现电能贡献、电费节省、智能管理和可再生能源的推动，是未来能源供应的重要组成部分。这种配置有助于实现能源的可持续性，减少环境影响，同时也为用户带来了实际的经济回报。

2. 离网系统

离网系统是独立的能源系统，不依赖于电网。这种系统的特点包括以下几点。

（1）能源存贮

离网太阳能系统通常配置有能源存贮设备，最常见的是电池组。这些存贮设备的存在是离网系统的关键组成部分，因为它们解决了太阳能系统面临的主要挑战之一：太阳能的不稳定性。

太阳能系统的主要依赖太阳能供电。然而，太阳能发电具有不稳定性，因为它受到天气条件、时间和地理位置等因素的影响。在夜晚或多云天气时，太阳能系统无法产生足够的电能，而在白天阳光充足时可能会产生多余的电能。因此，能源存贮设备的存在至关重要，它们可以在电能产生多余时将其存贮，并在需要时释放，以确保系统连续供电。

电池组是最常见的能源存贮设备，它们用于存贮电能。这些电池通常是锂离子电池、铅酸电池或其他化学电池。当太阳能系统产生多余的电能时，电池组将电能存贮起来。在需要时，电池组会释放存贮的电能，以满足建筑物或设备的电力需求。这种能源存贮方式使离网系统能够独立供电，不受外部电网的影响。

能源存贮设备允许离网系统在夜晚继续供电。在太阳能系统无法产生电能的时段，电池组释放存贮的电能，确保夜间照明、电气设备和其他用电需求得以满足。这使得离网系统能够在全天候提供可靠的电力供应，不受时间的限制。

除了夜晚，能源存贮设备还可以在多云或雨天时提供电能。这种情况下，太阳能系统的电能产生可能会减少，但电池组可以弥补这种不稳定性，确保系统持续供电。这对于气候多变的地区尤其重要，因为它们的太阳能供电条件不稳定。

能源存贮设备在离网太阳能系统中扮演着关键的角色。它们解决了太阳能系统不稳定性和间歇性供电的问题，使离网系统能够在任何时候都提供可靠的电力供应。这种技术的发展将有助于推动可再生能源的应用，并降低对传统化石燃料的依赖，有助于实现可持续能源供应。

（2）独立供电

离网系统的独立供电能力是其最引人注目的特点之一。这种能力使离网系统成为在偏远、没有电网接入或难以达到的地方提供电力的理想选择。离网系统能够捕获太阳能并贮存电能，因此无须连接到传统电网，具有以下重要优势。

离网系统适用于偏远地区，例如，山区、沙漠、岛屿等，这些地方通常难以接入传统电力供应。它们通过太阳能电池板和电池贮能，为居民、学校、医疗设施和农场等提供可靠的电力，改善了生活质量。

山区村庄常常位于偏远地带，电力供应不稳定。离网系统通过太阳能捕获并贮存电能，使这些山区村庄不再依赖不稳定的电力供应，改善了居民的生活条件。

一些岛屿地区可能没有连接到主电网。离网系统为这些岛屿提供了自给自足的电力解决方案，使居民能够享受到与城市地区一样的电力供应。

离网系统还在紧急情况下发挥重要作用，例如，自然灾害导致电力中断的情况。它们可以用作应急备用电源，为医疗设施、应急中心和关键基础设施提供电力支持，确保生命安全。

独立供电的离网系统采用可再生能源，如太阳能，有助于减少对化石燃料的依赖，降低碳排放，促进环保和可持续发展。

总之，离网系统的独立供电能力使其成为解决偏远地区和没有电网接入地方的电力需求的可行选择。它们不仅提供了可靠的电力，还促进了可持续能源的使用，有助于改善生活质量，保护环境，并满足不同地区的能源需求。

（3）能源管理

离网系统的能源管理是确保系统稳定供电的关键要素。这涉及多个方面的操作和控制，以满足不断变化的太阳能供应和电力需求。

在离网系统中，太阳能电池板是主要的能源捕获装置。它们将太阳能转化为电能，但由于太阳能供应的不稳定性，需要能够有效地捕获和存贮多余的电能。这一任务通常由电池组来完成，白天存贮多余的电能，以便在夜晚或天气不佳时供电。

能源管理系统还包括能源的转换和监控。直流电能通常由太阳能电池板产生，但许多设备需要交流电能。因此，逆变器用于将直流电转换为交流电，以供各种设备使用。同时，系统需要实时监控太阳能产能、电池状态和能源需求，以保持电力供应的连续性。

另一个重要方面是负载管理，即根据电能需求动态调整负载。这可以根据优先级关闭或启动不同的电力设备，以确保电力供应不中断。此外，为了延长电池的使用寿命，需要采取措施降低电能的浪费，包括优化设备的能源效率和减少不必要的能源消耗。

一些离网系统还配备备用发电机，以备不时之需。这些发电机通常使用传统燃料，如柴油或天然气，但仅在电池能量不足时启动。

最后，能源管理系统还需要进行定期的维护，以确保系统的性能和寿命。这包括对电池组的充电和放电周期的管理，以及监测电池的健康状况。总之，能源管理是离网系统的关键组成部分，它需要高度的操作和控制来确保系统能够稳定供电，满足不同需求。网联系统和离网系统各有优点和限制，选择取决于特定应用的需求。

网联系统通常更适合城市和工、商业使用，因为它们可以充分利用电网的便利性并降低能源成本。而离网系统更适合偏远地区或需要独立供电的场所，尤其是在电网接入困难的情况下。

（四）太阳能储能

太阳能储能是太阳能系统的重要组成部分，它解决了太阳能发电的不稳定性和间歇性的问题。这种储能设备通常采用电池技术，如锂离子电池、铅酸电池或钠硫电池，用于存储白天捕获的多余太阳能电能，以供电网或离网系统在夜晚或天气不佳时使用。

太阳能储能系统的核心是电池组，它由多个电池单元组成，可以将电能以化学能的形式储存起来。这些电池单元能够在需要时释放存储的电能，以满足电力需求。以下是太阳能储能的一些重要方面。

1. 多种电池技术

太阳能储能系统的电池技术多种多样，根据需要进行选择。其中，锂离子电池是当前最常用的选择之一，因为它们具有高效、轻量及长寿命等优点，适用于各种规模的系统，从家庭到商业和工业项目。此外，还有铅酸电池，这是一种传统的电池，虽然在某些领域被锂离子电池替代，但在一些应用中仍有用武之地，因为它们成本较低、相对稳定且环保。此外，还有钠硫电池，它们是高温电池，具有高能量密度和长寿命，在大规模储能系统和电力电站中得到广泛应用。最后，钛酸锂电池是一种新兴的技术，具有高效率、高充放电速率和长周期寿命，适用于需要频繁充放电的应用，如家庭和商业储能系统。因此，选择适合特定需求的电池技术需要仔细评估多个因素，包括成本、性能和环境条件。

2. 电池容量

太阳能储能系统的电池容量是一个关键因素，通常根据用户的需求和具体应用来确定。电池容量决定了系统能够存储多少电能，从而影响了系统的供电时间和稳定性。

对于家庭太阳能储能系统，电池容量通常根据家庭的能源消耗情况来确定。如果家庭希望在夜晚或多云天气继续供电，需要更大容量的电池组。此外，如果家庭计划将太阳能系统连接到电网，可以选择较小容量的电池组，用于储存多余的太阳能电力，以在电网供电不足时提供备用电源。

对于商业和工业项目，电池容量的选择取决于能源需求的规模和复杂性。大型工业项目通常需要大容量电池组，以满足高能耗的生产过程和设备运行过程。此外，一些商业项目可能需要调度能力，即在高峰期需要大量电能，而在低峰期需要较少电能。因此，电池容量必须足够大，以应对这种需求波动。

电池容量的选择还受到预算、可用空间和技术限制的影响。大容量电池组通常更昂贵，需要更多的空间来安装，而且需要适当的管理和维护。因此，在确定电池容量时，需要在成本和性能之间进行权衡。

总之，太阳能储能系统的电池容量是一个关键的设计参数，需要根据具体需求和限制进行仔细考虑和规划，以确保系统能够可靠地提供所需的电能。

3. 智能控制

太阳能储能系统的智能控制是现代系统的重要组成部分，它们通过监测、管理和优化电池和太阳能供电系统的运行，提高了系统的效率和可靠性。

智能控制系统通常包括一系列传感器和监测装置，用于实时监测电池组的状态和性能。这些传感器可以测量电池的电压、电流、温度和充放电速率等关键参数。通过实时监测，系统可以识别电池的健康状况和性能下降的迹象，从而提前采取措施进行维护和修复，延长电池的寿命。

另一个重要的功能是智能充放电管理。系统可以根据电能需求和太阳能供应的情况，自动调整电池的充电和放电过程。例如，在白天阳光充足时，系统可以将多余的太阳能电力用于电池充电，以便在夜晚或多云天气时供电。智能控制还可以平衡电池的充放电速率，减少过度充电或过度放电的风险，从而提高电池的安全性和寿命。

智能控制还包括能源管理功能，可以优化太阳能供电系统的性能。系统可以预测太阳能供应情况，帮助用户计划电池的使用和充电时间。此外，它们还可以协调多种能源，如太阳能、电网电力和备用发电机，以实现最佳的能源利用并获取最高的成本效益。

总的来说，太阳能储能系统的智能控制系统不仅提高了系统的效率和可靠性，还降低了用户的管理和维护成本。它们使太阳能储能技术更加可行和吸引人，有助于推动可再生能源的广泛应用。

4. 可持续性

太阳能储能系统在提高能源可持续性方面具有重要作用。它减少了对化石燃料的依赖，降低了温室气体排放，提高了可再生能源比例，平衡了电网负荷，减少了能源浪费，有助于塑造可持续能源的未来。这些因素共同推动着清洁能源转型，使我们更接近实现可持续能源供应的目标。这将有助于减缓气候变化，改善能源安全性，并为未来的能源需求提供可靠和可持续的解决方案。太阳能储能是实现这些目标的关键之一，为可持续的未来能源体系奠定了坚实的基础。

5. 离网系统支持

离网系统中的太阳能储能起着至关重要的作用，特别是在没有电网接入的地区或在紧急情况下。它们是保障电能供应连续性的关键因素，具有多重重要功能。

第一，太阳能储能系统能够存储白天产生的多余电能。这对于离网系统来说至关重要，因为它们不能随时从电网获取电能。当太阳能发电系统在白天发电时，电池组会储存多余的电能，以备晚上或阴天使用。这确保了系统能够在无法获得太阳能的情况下继续供电，保障了用户的能源需求。

第二，太阳能储能系统具有快速响应的能力。在电能需求激增或电源中断的情况下，电池组可以迅速释放储存的电能，提供额外的电力支持。这种快速响应对于维持离网系统的稳定性和可靠性至关重要，尤其是在需要应对突发情况或突发负载增加时。

第三，太阳能储能系统还支持能源管理。它们可以通过监测电池状态、电能需求和太阳能供应情况，自动调整电池的充电和放电，以最大程度地优化系统性能。这种智能控制有助于延长电池组的使用寿命，提高能源利用效率，并减少能源浪费。

总之，太阳能储能在离网系统中扮演着不可或缺的角色，它们保障了电能供应的连续性，提供了快速响应的能力，支持了能源管理，为偏远地区或没有电网接入的地方提供了可靠的能源解决方案。随着可再生能源的普及和清洁能源的需求不断增加，太阳能储能将继续在离网系统中发挥关键作用，为能源可持续性和可靠性做出贡献。

6. 成本效益

成本效益是太阳能储能系统的一个重要优势，随着技术进步和市场发展，这一优势变得越来越明显。

第一，太阳能储能系统的成本逐渐下降。这部分归功于电池技术的不断改进和生产规模的扩大。锂离子电池等主要电池的价格已经大幅降低，使太阳能储能系统更加经济实惠。此外，政府补贴和激励计划也鼓励采用太阳能储能，降低了系统的初始投资成本。

第二，太阳能储能系统可以显著降低电费支出。通过储存白天产生的太阳能电力并在高峰时段使用，用户可以避免高电价时段的高电费。这对于家庭和企业来说，能够帮助他们节省大量的能源费用。

第三，太阳能储能系统还有助于提高能源供应的可靠性。当电网出现故障或断电时，储能系统可以提供备用电源，确保持续供电，避免了业务中断和损失。这对于一些需要持续供电的关键应用领域，如医疗机构和紧急服务，尤为重要。

第四，太阳能储能系统还有环保的优势。它们可以存储清洁的太阳能电力，减少对化石燃料的依赖，降低温室气体排放，有助于保护环境和应对气候变化。

第五，太阳能储能系统对于能源管理也有积极的影响。通过监测和控制电池充放电过程，用户可以更有效地管理能源，最大程度地提高系统性能，减少能源浪费。

太阳能储能系统的成本效益包括降低成本、节省电费、提高可靠性、环保和优化能源管理等多个方面。随着技术的进步和市场的成熟，太阳能储能系统将继续为家庭、企业和社会提供可持续、经济实惠的能源解决方案。总之，太阳能储能是实现可持续能源供应的关键环节，它充分利用了太阳能的间歇性，为电力系统提供了更大的灵活性和可靠性。随着技术的进步，太阳能储能将在未来能源系统中扮演更为重要的角色。

（五）太阳能发电的应用领域

太阳能发电技术的广泛应用使其成为各个领域的重要能源解决方案。

1. 家庭住宅

太阳能发电系统广泛应用于家庭住宅。屋顶太阳能电池板可以为家庭提供清洁的电能，覆盖家庭用电需求，甚至多余的电能可以馈入电网，实现能源的贡献和节省电费。此外，太阳能热水系统可以为家庭供应热水，降低家庭能源开支。

2. 商业建筑

商业建筑通常拥有大量的屋顶空间，适合安装太阳能电池板。商业太阳能系统可以降低企业的电能成本，提高可持续性，并在一些地区享受政府激励措施。商业建筑还可以将多余的电能出售给电网，创造额外的收入。

3. 工业制造

工业领域通常需要大量的电能供应，太阳能发电系统可以在降低电费的同时，减少对传统能源的依赖，降低能源成本，并减少碳排放。

4. 农业

太阳能系统在农业中的应用也越来越普遍。它们可以为农场提供电力、提供热水、提供照明和运行农业设备。太阳能灌溉系统可以帮助提高农作物的产量，降低用水成本。

5. 交通运输

太阳能发电在交通运输领域的应用包括太阳能汽车、太阳能电动船只和太阳能飞机。这些技术有助于减少交通运输的碳排放，并推动交通工具的可持续发展。

6. 水处理

太阳能系统可以为水厂提供电能，用于污水处理和供水。这些系统有助于提高水处理过程的效率，降低运营成本，并减少环境影响。

7. 环境保护

太阳能系统在环境保护领域的应用包括太阳能污染监测站、环境监测设备和环保研究。它们提供了可持续能源供应，以支持环境保护工作。

8. 科研

太阳能电池技术在科研领域的应用包括太阳能实验室、太阳能卫星和太阳能望远镜。这些应用有助于推动太阳能技术的不断发展和改进。

太阳能发电技术在多个应用领域中具有广泛的应用前景，有助于降低能源成本、减少碳排放、提高可持续性，并推动清洁能源的发展。随着技术的不断进步，太阳能将继续在各个领域发挥重要作用。

（六）可持续性和环保性

太阳能发电是一种可持续、清洁和环保的能源选择。它不产生温室气体，不依赖有限的化石燃料资源，有助于减缓气候变化和改善环境质量。太阳能发电利用太阳光的能量，这种能源是源源不断的，不会耗尽。与传统能源相比，太阳能发电过程无污染，不会排放有害废物或空气污染物。它能够减少大气污染，改善空气质量，减少温室气体排放，有助于减缓气候变化的速度。

此外，太阳能发电有助于保护自然环境，因为它不需要消耗有限的自然资源，如石油和煤炭。太阳能系统通常设计高效，能够有效地将太阳能转化为电能，从而节约能源、减少能源浪费和降低能源成本。它还降低了对外部能源供应的依赖，特别是在偏远地区或没有电网接入的地方，提高了能源供应的稳定性和可靠性。

太阳能的建设对生态系统的破坏较小，相对于传统的能源基础设施，如煤矿或天然气井，对生态多样性和自然栖息地的保护有积极作用。此外，太阳能的可持续性和环保性也带来了社会效益，包括改善健康状况、减少与空气污染相关的健康问题及创造可再生能源领域的就业机会。

太阳能发电是一种对环境友好、可持续性强的能源选择，对于实现可持续能源的未来至关重要。通过继续推广和发展太阳能技术，可以为地球的环境和可持续性做出积极的贡献。

太阳能发电是一种具有巨大潜力的能源技术，已经在全球范围内得到广泛应用，并在未来能源领域具有重要地位。随着技术的不断进步和成本的降低，太阳能发电将继续成为清洁能源的主要来源之一，为可持续发展做出贡献。

三、太阳能热能

太阳能热能系统是一种利用太阳光来产生高温热能的先进技术，应用领域较广。这些系统的核心组件是太阳能集热器，它们通过不同的方式捕获太阳光的热能，并将其转化为有用的热能源。

第一，太阳能集热器可以采用平板集热器的形式。这种类型的集热器通常由一个黑色吸热表面、绝热层和玻璃或透明塑料盖板组成。吸热表面吸收太阳光，将其转化为热能，绝热层减少了热量损失，而盖板则允许太阳光透过并保温。平板集热器广泛用于家庭热水、供暖和游泳池加热，它们通过简单而有效的方式提供热能。

第二，太阳能集热器也可以采用抛物面镜集热器的形式。这些集热器使用抛物面形状的反射镜或反光面，将太阳光聚焦在一个点上，通常称为焦点。在焦点处，可以放置一个热传导装置，如管道或储罐，以捕获集中的热量。抛物面镜集热器适用于需要高温热能的应用，如发电系统。

第三，太阳能热能系统还可以采用太阳能空气加热器的形式。这种集热器通过将空气引入太阳能吸热区域，使空气升温，然后将热空气用于供暖或工业过程。它们通常用于大规模暖气系统或工业干燥应用，是一种高效的热能收集方式。

这些太阳能热能系统的应用领域多种多样。

第一，太阳能热能系统在家庭和商业建筑的热水供应方面发挥着重要作用。通过将太阳能集热器集成到建筑物中，可以减少电力或天然气的使用，降低能源成本，同时减少温室气体排放。太阳能热能系统还可以用于供暖建筑物内部空间，特别适用于寒冷季节。它们可以与地暖系统或暖气片结合使用，提供温暖舒适的室内环境。

第二，逆向循环太阳能空调系统可以利用太阳能来制冷，提供舒适的室内温度。这在炎热的天气中尤为有用，可以减少电力消耗和碳排放。

第三，太阳能热能系统还广泛应用于工业过程中，如食品加工、化工制造和烘干等。它们可以替代传统的燃料或电力供热方式，降低能源成本，减少环境影响。

第四，太阳能热能系统还用于发电，通过将热能转化为蒸汽驱动涡轮发电机。这种技术在一些太阳能电站中得到应用，有助于提供清洁的电力。

四、太阳能光热发电

太阳能光热发电是一种创新的能源技术，利用太阳光的热能来产生电力。与传统的光伏电池不同，太阳能光热发电系统将太阳光聚焦在一个小区域上，以产生高温，然后利用高温热能来驱动发电机，从而产生电能。这种技术具有较高的可靠性和环保性，适用于大规模发电，通常用于大型太阳能发电站。虽然具有许多优点，如可持续性和清洁性，但也面临挑战，包括高建设和维护成本，以及依赖阳光充足的地区。但随着技术的不断进步和成本的降低，太阳能光热发电有望在未来更广泛地应用，为清洁电力的生产做出贡献。

五、太阳能应用领域

太阳能的广泛应用领域使其成为一种多功能的可再生能源。在家庭领域，屋顶太阳能电池板是一种常见的应用方式。这些电池板可以安装在住宅屋顶上，将太阳能转化为电能，为家庭供电。此外，太阳能热水系统也是常见的家庭应用，它们通过太阳能集热器加热水供应，降低了取暖水的能源成本。

在工业和商业领域，大型太阳能发电站起着关键作用。这些发电站使用大量的太阳能电池板来产生电能，并将其供应给电网，为城市和工业区提供清洁的电力。这有助于减少对传统化石燃料的依赖，降低碳排放，促进可持续发展。

太阳能还广泛用于户外照明，如太阳能路灯。这些路灯利用太阳能电池，通过白天充电来提供夜间照明，节省电力和维护成本。在农业领域，太阳能用于驱动水泵，提供灌溉水源，有助于提高农作物产量。此外，太阳能还为远程地区提供电力，这些地区可能无法接入传统电网，因此依赖太阳能电池和储能系统来满足能源需求。

总的来说，太阳能在各个领域中发挥着重要作用，为可持续能源生产和减少环境影响提供了有效的解决方案。随着太阳能技术的不断进步和成本的降低，预计太阳能在未来将继续扮演重要角色，为我们提供清洁、可持续的满足能源需求的方案。

六、太阳能的环保优势

太阳能的环保优势使其成为可持续发展的重要组成部分，具体有以下优势。

第一，太阳能是一种清洁能源，其发电过程不涉及燃烧化石燃料，因此不会产生温室气体排放，这对于减缓气候变化至关重要。随着全球气候变暖和碳排放问题的加剧，太阳能的使用有助于减少温室气体的排放，减缓气候变化的不良影响。

第二，太阳能系统的运行几乎不产生任何污染物。与传统的化石燃料发电相比，太阳能不会释放二氧化硫、氮氧化物及颗粒物等有害物质，不仅减少了空气污染，还有助于改善空气质量。这对于减少呼吸道疾病和提高生活质量具有积极影响。

第三，太阳能资源广泛分布，几乎全球都可以利用太阳能。这降低了对不可再生化石燃料资源的依赖，有助于提高能源安全性。太阳能不受地理位置的限制，可以在城市、农村、偏远地区和岛屿等各种环境中部署，为更多人提供清洁能源。

太阳能系统的运行和维护相对简单，减少了环境影响。与采矿、燃烧和运输化石燃料相比，太阳能的生命周期排放较低，减少了土地破坏和生态系统破坏的风险。

总的来说，太阳能作为一种清洁、可再生能源，具有显著的环保优势。它有助于减少温室气体排放、改善空气质量、提高能源安全性，同时降低了生态环境的负担。因此，太阳能的广泛应用对于实现可持续发展目标和保护地球的生态平衡至关重要。

太阳能作为一种可持续的、清洁的能源形式，具有广泛的潜力，为满足不断增长的能源需求、减少环境影响和推动可持续发展做出了重要贡献。

第二节　太阳电池基本工作原理

太阳电池是将太阳光能转化为电能的装置，它的基本工作原理涉及到半导体材料和光电效应。

一、光电效应

太阳电池的核心原理是光电效应。这一过程基于物质对光子（太阳光的组成部分）的吸收，随后释放出电子的现象。当太阳光照射到太阳电池表面的半导体材料上时，光子传递能量给半导体内的电子，从而将太阳能转化为电能。光电效应的关键步骤包括光子吸收、电子激发、电子-空穴对生成、电子流动、电势差产生和电流输出。这一过程使太阳电池成为一种清洁、可再生的能源转换技术，有助于减少对传统能源的依赖，减少温室气体排放，提供可持续的电力供应。

二、能带结构

太阳电池中的半导体材料具有特定的电子能带结构，这是实现光电效应的关键。半导体材料的能带结构分为价带和导带，其中价带中的电子处于低能量状态，而导带中的电子处于高能量状态。两者之间存在能量差，被称为能隙。

当太阳光照射到半导体材料上时，光子携带着能量，如果其能量足够高，就能够克服能隙并将半导体中的电子从价带激发到导带，形成电子–空穴对。这个过程称为电子的光生激发。

生成的自由电子在导带中移动，而留在价带中的空穴则是正电荷。这些自由电子和空穴的移动导致了电流的产生。通过在半导体中添加电场或电场效应，可以促使电子在导带中移动，并在外部电路中产生电流。这就是太阳电池将光能转化为电能的基本原理。

因此，半导体材料的能带结构决定了它们对不同波长的太阳光的吸收能力，以及其在太阳电池中的性能。研究和优化半导体的能带结构对推动太阳电池技术进步至关重要，以提高效率和性能，从而更好地利用太阳能资源。

三、电子流动

太阳电池的工作原理中的下一步关键是电子流动。一旦光子激发了电子从价带到导带，这些自由电子可以在半导体中自由移动，同时留下了一个正电荷的空穴。这些电子和空穴对开始在半导体中移动，这是太阳电池中电流产生的关键。

电子的移动是电流的形成过程。当电子在导体中移动时，它们携带负电荷，从而形成了电流。这就是太阳电池中产生电流的方式。这个电流可以通过外部电路传递，供应电力和驱动电器。

同时，空穴也在半导体中移动，但它们是正电荷的。这种电子和空穴的运动导致了电子流和空穴流，它们在半导体中以一种特定的方式重新组合，最终形成电流。通过合理设计太阳电池的结构和材料，可以最大程度地优化电子流，实现电荷分离，从而提高太阳电池的效率和性能。

因此，电子的自由移动和电荷分离是太阳电池中电流产生的关键机制，也是太阳电池将光能转化为电能的核心过程。了解这些原理对于太阳电池技术的研究和发展至关重要。

四、形成电压

太阳电池的工作原理中的另一个关键步骤是电压的形成。太阳电池通常由两个不同的半导体层组成，一个被掺杂为带正电荷，另一个带有负电荷。这两个半导体之间的交界面被称为 P-N 结。

当自由电子和空穴对从光电效应中产生并移动时，它们最终会到达 P-N 结。在 P-N 结附近，自由电子和空穴对会重新组合，形成电场。这个电场会阻止自由电子和空穴对进一步的移动，因此在 P-N 结附近形成了一个电势差，即电压。

这个电势差或电压差是太阳电池中电势能的体现，也是太阳电池产生电流的原因之一。通过连接外部电路，这个电压差可以用来推动电子流动，产生电流，供电和驱动电器。

因此，电压的形成是太阳电池中另一个关键的工作原理，它确保了太阳电池能够将光能转化为电能，并为各种应用提供可持续的电力。太阳电池的性能和效率也受到电压的影响，因此深入理解电压形成机制对太阳能技术的发展至关重要。

五、电流输出

太阳电池的工作原理中的最后一步是电流的输出。一旦自由电子和空穴对在太阳电池中产生并通过电场分离，在 P-N 结中形成了电压差，这些自由电子将开始流动。通过连接在太阳电池两侧的导电金属电极来收集和引导电流。

导电金属通常是铝或银，它们具有良好的电导率，可以有效地将电流引导出太阳电池。一旦电流被引导出来，它就可以用于各种应用，如供电家庭、工业设备、电子设备及充电电池。

电流输出是太阳电池的最终目标，因为它代表了太阳能光能转化为实际可用的电能的过程。太阳电池的性能和电流输出水平通常会影响其在实际应用中的效率和可靠性。

太阳电池的工作原理包括光电效应、能带结构、电子流动、电压形成和电流输出。这些步骤共同确保了太阳电池能够将太阳能转化为电能，并为各种应用提供可持续的清洁能源。理解这些原理对于太阳能技术的发展和应用至关重要，有助于推动可再生能源的广泛应用。

总之，太阳电池的基本工作原理涉及光子激发半导体中的电子，形成电流和电压差，从而产生可用的电能。这个过程是清洁的、可再生的，使太阳能成为一种重要的可持续能源来源。不同类型的太阳电池使用不同的半导体材料和结构，以优化性能和效率，但其基本工作原理仍然是相同的。

第三节　太阳电池发展历程

一、19 世纪初——发现光电效应

19 世纪初的光电效应的发现标志着太阳电池技术的奠基，为后来太阳能技术的发展铺平了道路。1839 年，法国物理学家亚历山大·爱德蒙·贝克勒尔通过实验首次观察到这一现象，从而揭开了太阳电池的秘密。

光电效应是指当某些材料（通常是半导体材料）受到光照射时，会释放出电子，形成电流。这一过程的关键是光子，它是太阳光的组成部分，具有能量。当光子击中半导体材料时，它们会激发材料中的电子，使电子跃迁到导电能级，从而形成自由电子。这些自由电子可以在材料中移动，从而产生电流。

贝克勒尔实验使用的是一种叫作硒的物质，他观察到，当硒受到光照射时，会产生电流。这一发现引发科学家们对光电效应的深入研究，逐渐揭示了这一现象的更多细节。

光电效应的发现为太阳电池的发展奠定了基础。后来的科学家和工

程师通过不断改进半导体材料和太阳电池的设计，提高了太阳电池的效率和可靠性。随着技术的进步，太阳电池已经从最初的实验阶段发展成为一种广泛应用的可再生能源技术，为清洁能源的未来发展做出了重要贡献。

二、20 世纪初——费尔德太阳电池

20 世纪初，太阳电池取得了重要的进展，其中最著名的就是查尔斯·费尔德的贡献。1883 年，美国发明家查尔斯·费尔德创建了世界上第一台工作的太阳电池。这一突破性发明使用了硒元素和金属电极，尽管效率相对较低，但它标志着太阳能电池技术的开端。

费尔德的太阳电池是基于光电效应的原理，其中金属表面被照射的光子激发并释放电子，产生电流。尽管这个早期太阳电池的效率相对较低，但它证明了太阳能可以用于产生电力。然而，费尔德的设计仍然有待改进，以提高效率和可靠性。

随着时间的推移，太阳电池技术得到了持续改进。20 世纪中叶，科学家们开始使用半导体材料，如硅，来构建更高效的太阳电池。这些改进使得太阳电池的效率大幅提高，并为太阳能技术的广泛应用铺平了道路。

费尔德的初步尝试虽然效率低，但在太阳电池发展史上具有重要意义，它为后来的科学家和工程师提供了宝贵的启发，推动了太阳电池技术的不断进步和创新。

三、20 世纪中期——硅太阳电池的发展

20 世纪中期，太阳电池技术取得了重大突破，这一时期的关键事件之一是美国贝尔实验室的科学家于 1954 年发明了第一台高效硅太阳电池。这个重要的发现标志着太阳电池的商业潜力开始显现，尤其在太空应用领域。

硅太阳电池的发明利用了硅半导体材料的光电效应，当光子击中硅表面时，它们激发并释放电子，从而产生电流。这种硅太阳电池相比早

期的太阳电池具有更高的效率和可靠性，因此被广泛用于太空任务中，如美国的“阿波罗”登月计划。

硅太阳电池的商业化潜力引起了人们的广泛关注，开启了太阳电池技术的新纪元。虽然当时的硅太阳电池仍然相对昂贵，但它们为太阳能技术的不断改进和成本降低奠定了基础，为未来的太阳电池研究和应用打下了坚实的基础。

20 世纪中期的硅太阳电池的发明是太阳电池技术发展史上的一个重要里程碑，它不仅在太空探索中发挥了关键作用，还为后来的太阳电池技术演进提供了关键的科学和工程基础。

四、20 世纪 70 年代——太阳能应用扩展

20 世纪 70 年代是太阳能技术发展历程中的一个重要时期，这一时期见证了太阳能应用领域的扩展和太阳电池成本的下降，为可持续能源的推广奠定了基础。

在 20 世纪 70 年代初，太阳电池的成本相对较高，主要用于一些特殊领域，如太空探索和远程通信。然而，随着科技进步和工程改进，太阳电池的成本开始逐渐下降，使得这项技术变得更加实用和经济可行。

在这一时期，太阳能技术开始应用于小型电子设备，特别是计算器。太阳电池板被嵌入到计算器的外壳上，可以通过吸收室内或室外的光来供电，无须更换电池。这一创新降低了计算器的使用成本，同时减少了废弃电池对环境的影响。

除了计算器，太阳能技术还扩展到了远程通信领域。远程通信设备，如天气站、监测设备和远程控制系统，常常需要长期运行而无法轻易更换电池。太阳电池板的应用使这些设备可以在偏远地区或没有电力供应的地方持续运行，降低了维护成本。

在这个时期，太阳电池技术的进步也吸引了更多的科研和工程投入，以改善效率、提高可靠性和降低成本。这些努力为未来的太阳能应用打下了坚实的基础，为太阳能技术的广泛应用和商业化铺平了道路。

总之，20 世纪 70 年代是太阳能技术发展的关键时期，标志着太阳电池逐渐从特殊领域扩展到更广泛的应用，为清洁能源的发展做出了重要贡献。这一时期的成就为今天不断增长的太阳能行业的成功奠定了基础。

五、20 世纪 80 年代——太阳电池市场增长

20 世纪 80 年代标志着太阳电池技术的商业市场迅速增长，这一时期是太阳能行业发展的重要阶段，尤其是太阳电池板的生产和应用方面。

（一）太阳电池板生产的崛起

在 20 世纪 80 年代初，太阳电池板的生产经历了一轮快速增长。这部分归功于政府部门和私营企业的投资，以及技术改进的推动。随着规模的扩大，生产成本逐渐下降，太阳电池板变得更加经济可行。这为太阳电池的商业化奠定了基础。

（二）太阳电池在住宅和商业应用中的增长

20 世纪 80 年代，太阳电池开始在住宅和商业建筑中得到广泛应用。这部分是由于对可再生能源的日益关注，以及对能源效率的追求。人们开始认识到太阳电池系统可以降低电费，同时减少对传统能源的依赖。

（三）太阳电池技术改进

在这一时期，科研机构和太阳能公司不断努力改进太阳电池技术。这包括提高电池效率、增加耐用性，以及减小电池板的体积和重量。这些技术改进使太阳电池更具吸引性，为未来的市场增长奠定了基础。

（四）太阳能政策支持

许多国家在 20 世纪 80 年代开始制定了支持太阳能发展的政策。这些政策包括提供税收激励、补贴计划和减少法规限制。这些政策鼓励了更多的投资和研发，促进了太阳能市场的增长。

（五）太阳电池的多样化应用

20 世纪 80 年代还见证了太阳电池应用领域的多样化。除了住宅和商业建筑，太阳电池被用于供电远程地区的电力需求，如无人岛屿、农村地区和山区。此外，太阳电池也被用于水泵系统、交通信号灯和航空导航设备等领域。

20 世纪 80 年代是太阳电池技术商业化的重要时期。在这个时期，太阳电池的市场增长和技术改进推动了太阳能行业的发展，为清洁能源的普及和可持续发展提供了坚实的基础。太阳电池的广泛应用和市场化使其成为全球能源供应的重要组成部分，为减少对化石燃料的依赖、减少温室气体排放和改善环境作出了积极贡献。

六、20 世纪 90 年代——太阳电池效率提高

20 世纪 90 年代是太阳电池技术发展的重要时期，其中太阳电池效率的提高是一个显著的亮点。以下是该时期的一些关键发展。

（一）单晶硅太阳电池的崛起

20 世纪 90 年代标志着单晶硅太阳电池崛起的时代。在之前的几十年里，多晶硅太阳电池主导了市场，但它们的效率相对较低。单晶硅电池的出现彻底改变了这一局面。单晶硅电池利用高纯度硅材料生产，以确保晶体结构的完整性，减少了晶格缺陷。这一改进显著提高了太阳电池的效率，使其成为更有吸引力的选择。

单晶硅太阳电池的生产工艺也在不断改进。通过精密的切割和制备工艺，生产商能够获得更大尺寸的单晶硅片，从而提高了电池的功率输出。此外，工业界还采用了更高效的反射涂层和防反射镀膜，以提高光的吸收率。

单晶硅太阳电池的成本也在下降。虽然最初的制造需要高纯度硅材料，但随着工艺的改进和规模效应的产生，单晶硅电池的生产成本逐渐降低，使其更具竞争力。这使得单晶硅太阳电池在商业和居民市场中变

得更加可行。

（二）新材料和结构的应用

随着太阳能技术的不断发展，科研机构和太阳能公司开始积极探索新材料和电池结构，以提高太阳电池的效率。这一领域的研究和创新引领了太阳电池技术的进步。

一项重要的进展是多层薄膜太阳电池。这种电池利用多层不同材料的薄膜，每一层都专门吸收不同波长的光线。这种多层结构可以更充分地利用太阳光的能量，提高光电转换效率。薄膜太阳电池还具有轻质、柔性和可塑性的优点，可以应用于各种复杂形状和表面。

另一个重要的创新是钙钛矿太阳电池。钙钛矿是一种新型的太阳能材料，具有出色的光电性能。钙钛矿太阳电池制造成本较低，同时具有出色的效率。这使得它成为太阳电池领域的一项重要突破。

（三）量子效率的提高

量子效率是太阳电池对太阳光不同波长的利用效率的衡量标准。在20世纪90年代，研究人员着力提高太阳电池的量子效率，以提高总体效率。

一项关键的改进是通过改进材料和设计来扩展太阳电池的光谱响应范围。传统的硅太阳电池主要吸收可见光范围内的光子，但在近红外和紫外光谱范围内的能量损失较大。通过引入新材料和工程设计，太阳电池的量子效率得以提高，更高比例的太阳能光子可以被吸收并转化为电能。

此外，量子点技术也在提高太阳电池的效率方面发挥了关键作用。量子点是纳米级颗粒，具有特定的光学和电子性质。它们可以被设计成吸收特定波长的光，将未被传统太阳电池吸收的高能量光子转化为电能。这项技术的引入进一步提高了太阳电池的量子效率。

（四）太阳电池的多层结构

太阳电池的多层结构是一项重要的技术创新，旨在提高其光电转换效率。这种多层次的结构设计使得不同波长的光子可以在不同层次中被吸收和利用，从而最大限度地提高了太阳电池对太阳光的利用率。在 20 世纪 90 年代，研究人员开始采用多层次的太阳电池结构，以进一步提高其性能。

这种多层结构的太阳电池通常由多个半导体层叠加在一起构成。每个半导体层都能够吸收特定波长范围内的光子，将其转化为电能。通过将这些不同波长范围的光子逐层吸收和转化，太阳电池可以更高效地利用太阳光的能量。

举例来说，光谱中的不同颜色代表了不同波长的光子，而每个波段的光子具有不同的能量。传统的太阳电池通常只能吸收和转化一定波长范围内的光子，而多层结构的太阳电池可以覆盖更广泛的光谱范围，因此能够在更广泛的光照条件下工作。

这项技术的一个关键优势是提高了太阳电池的效率，尤其是在光照条件不稳定的情况下。这意味着太阳能电池在不同时间、不同天气条件下都能够更高效地产生电能，提高了其可靠性和稳定性。多层结构的太阳能电池已经被广泛用于一系列应用中，包括太阳电池板太阳电池发电站，为太阳电池技术的进一步发展和商业化应用提供了强有力的支持。

总的来说，20 世纪 90 年代是太阳电池技术发展的一个重要时期，在这一时期，太阳电池的效率显著提高。这一时期的技术创新和商业化应用为太阳行业的未来奠定了坚实的基础，为清洁能源的普及和可持续发展做出了积极贡献。

七、21 世纪初——可再生能源的兴起

（一）太阳电池效率的提高

21 世纪初，太阳电池的效率得到了显著提高，这是太阳能技术发展的一个重要方面。新型材料、生产技术和设计方法的引入使太阳电池能

够更有效地将太阳能转化为电能，提高了光电转换效率。

一项主要的技术进步是引入多晶硅和单晶硅太阳电池。这些电池采用更纯净的硅材料，减少了能源在电池内部的损失，从而提高了效率。此外，光电转换效率的提高还得益于电池表面纳米结构的改进，这些结构可以增加光的吸收并减少反射。

除硅电池外，其他新型太阳电池技术也不断涌现，如钙钛矿太阳电池和有机太阳电池。这些技术具有更高的光电转换效率潜力，因为它们利用了不同的材料和工作原理，有望在未来推动太阳电池效率的进一步提高。

（二）成本的持续下降

太阳电池的生产成本在过去几十年中持续下降，这是太阳能技术走向商业化的关键因素之一。规模化生产、材料成本的降低，以及制造效率的提高都有助于使太阳能电池更经济实惠。

随着生产规模的扩大，太阳电池的生产成本逐渐降低。此外，太阳电池制造过程中使用的材料价格也在下降，特别是硅材料的价格。制造效率的提高也有助于减少生产成本，同时推动了太阳电池技术的进步。

这种成本下降趋势使得太阳电池变得更加经济实惠，吸引了更多的消费者、企业和政府机构投资并采用太阳能技术。

（三）分布式太阳能发电系统

21 世纪初，分布式太阳能发电系统成为一种重要趋势，广泛应用于家庭、商业和工业用途。这些系统允许个人和组织在其自身用电需求的基础上产生可再生能源，减少对传统电力供应的依赖。

分布式太阳能发电系统通常包括太阳电池板、逆变器、电池储能系统和监控设备。它们可以安装在建筑物的屋顶、立面、地面或其他空地上。通过将太阳电池产生的电能储存起来，系统可以在夜晚或天气不佳时继续供电，提高了电力供应的可靠性。

这种分布式发电模式不仅有助于减少碳排放，还能够为用户节省电费。许多国家和地区也提供激励计划和政府补贴，鼓励更多家庭和企业采用分布式太阳能发电系统。

（四）多样化的太阳电池技术

21 世纪初，太阳电池技术变得更加多样化，不仅硅太阳电池有所发展，还出现了其他类型的太阳电池。其中两种主要新技术是钙钛矿太阳电池和有机太阳电池。

钙钛矿太阳能电池是一种基于钙钛矿材料的太阳电池，具有高效率和低成本的优点。这种类型的太阳能电池能够在不同光照条件下工作，并在室内和室外应用中表现出色。钙钛矿太阳电池的不断研究和改进有望进一步提高其效率，使其成为太阳能市场的竞争力选项。

另一方面，有机太阳电池由有机半导体材料制成，具有轻量化和柔性化的优势。这种类型的太阳电池可以应用于曲面、弯曲的表面上，因此在可穿戴设备、移动电源和柔性电子产品领域具有广泛应用前景。虽然有机太阳电池的效率相对较低，但它们在特定应用中具有独特的优势，因此引起了广泛关注。

这些新技术的出现丰富了太阳电池市场，为消费者和产业提供了更多选择。此外，不同类型的太阳能电池可以在不同的应用场景中发挥作用，从家用光伏系统到大规模太阳能电站，以及可穿戴设备和便携式电子产品等。

（五）政策支持和可再生能源目标

政府的政策支持和可再生能源目标在推动太阳电池技术的发展中发挥了关键作用。政府采取了一系列政策措施来支持可再生能源的使用，包括太阳能发电。这些政策包括补贴计划、税收激励和可再生能源目标，旨在鼓励个人、企业和电力公司投资和采用太阳能技术。补贴计划和税收激励可以帮助减轻太阳电池系统的初始成本，使更多人能够负担得起这些系统。同时，制定可再生能源目标迫使电力公司提高可再生能源的比例，鼓励他们投资太阳能发电站和分布式太阳能系统，以满足这些目标。这些政策措施不仅推动了太阳电池市场的增长，还为清洁能源的发展创造了有利环境。

（六）储能技术的进步

储能技术的进步也对太阳电池系统的可用性和可靠性产生了积极影响。电池储能系统可以存储白天产生的多余电能，以在夜晚或天气不佳时供电。这种技术的进步包括电池性能的提高、寿命的延长和成本的下降。这使太阳电池系统能够提供稳定的电力供应，不受天气条件的限制。储能技术的发展进一步提高了太阳电池系统的吸引力，使其成为可再生能源解决方案的重要组成部分。

（七）可持续能源的兴起

21世纪初，可再生能源作为可持续发展的一种方案崭露头角。太阳电池作为一种清洁、可再生的能源选择，为减少碳排放、应对气候变化和改善环境质量作出了积极贡献。随着对可再生能源的重视程度不断提高，太阳电池技术将继续在未来发挥关键作用，推动世界走向更可持续、清洁的能源体系。政府、行业和科研机构的持续投资和合作将进一步推动太阳电池技术的创新和发展。

这些要点内容突出了21世纪初太阳电池技术的重要发展趋势和影响因素。太阳电池已经成为可再生能源领域的关键技术，为未来的清洁能源供应提供了巨大潜力。

八、21世纪——高效率太阳电池和新材料

（一）高效率太阳电池

提高太阳电池的效率一直是研究人员不懈追求的目标。随着科技的

不断进步，新型太阳电池技术已经实现了更高的光电转换效率，提高了能源利用率。其中，多结太阳电池和钙钛矿太阳电池是两个重要的技术突破。

多结太阳电池是一种利用多层半导体材料制作的太阳电池，通过不同层次材料对不同波长的光子进行吸收，从而提高了光电转换效率。这种技术的优势在于能够更充分地利用太阳光谱中的各种波长，将光能转化为电能。多结太阳电池已经在太空应用和高性能光伏系统中得到广泛应用。

另一个重要的技术突破是钙钛矿太阳电池，这种太阳电池采用了钙钛矿材料作为光吸收层，具有出色的光电转换效率。钙钛矿太阳电池的制备成本相对较低，同时在实验室条件下已经实现了25%以上的效率，使其成为太阳电池领域备受关注的技术。随着进一步研究和工程化应用的发展，钙钛矿太阳电池有望在未来提供高效、廉价的清洁能源解决方案。

（二）薄膜太阳电池

薄膜太阳电池由薄膜材料制成，相比传统硅太阳电池，具有轻量化、灵活性和低成本等优点。这种技术的应用领域广泛，包括便携式电子设备和建筑一体化。

由于薄膜太阳电池材料较薄，因此它们更轻便，适用于嵌入式电子设备、户外用具及无线传感器等便携式电子设备。此外，薄膜太阳电池还具有良好的灵活性，可以适应曲面和不规则形状，因此在建筑一体化中有广泛应用的潜力。通过将薄膜太阳电池集成到建筑外墙、屋顶和窗户中，可以将建筑物转化为发电设备，减少对传统电力供应的依赖，提高能源利用效率。

（三）有机太阳电池

有机太阳电池采用有机半导体材料，具有低成本和可塑性等特点。

虽然其光电转换效率相对较低，通常在 10%以下，但在柔性电子和可穿戴设备等特定应用中具有潜在价值。

有机太阳电池的低成本和可塑性使其成为柔性电子领域的研究热点。它们可以制成柔性、轻薄的电池，适用于曲面、弯曲或不规则形状的设备。因此，有机太阳电池被广泛用于可穿戴设备、智能卡片、柔性显示屏等领域。此外，由于其制备工艺相对简单，有机太阳电池在一些特殊场景中也能发挥作用，如户外设备和应急电源。

虽然有机太阳电池的效率相对较低，但研究人员不断努力改进材料和设计，以提高其性能。随着技术的进步，有机太阳电池有望在未来为某些应用提供更加环保和可持续的能源解决方案。

（四）钙钛矿太阳电池

钙钛矿太阳电池是一种新兴的太阳电池技术，其独特的材料特性使其成为备受关注的领域。钙钛矿太阳电池采用一种特殊的钙钛矿材料作为光吸收层，这种材料具有高吸收率和较长的电子寿命，因此能够实现高效的光电转换。

相对于传统的硅太阳电池，钙钛矿太阳电池有着明显的优势。第一，它们的制备成本相对较低，因为钙钛矿材料相对容易合成和处理。第二，钙钛矿太阳电池的效率较高，可以接近甚至超过硅太阳电池的效率。这使得钙钛矿太阳电池成为一种有潜力降低太阳电池系统总体成本的技术。

另一个引人注目的特点是钙钛矿太阳电池可以制备成柔性和半透明的形态，这为其在建筑一体化太阳电池和窗户等特殊应用中提供了广阔的市场前景。此外，钙钛矿太阳电池在弱光条件下仍能表现出色，因此在阴天或室内光线较弱的环境中也能工作。

（五）太阳电池与储能的集成

太阳电池与储能技术的集成是一种重要的发展趋势。这种集成允许多余的太阳能电能在白天存储到电池中，以供夜晚或阴天使用，从而提高了可再生能源的可靠性。常见的储能设备包括锂离子电池、钠硫电池、超级电容器等。

这种集成不仅可以提高能源的利用率，还可以使太阳电池系统更加独立，减少对电网的依赖。对于个人住宅、商业建筑和远程地区的应用而言，太阳电池与储能系统的结合为稳定供电提供了可行的解决方案。这也有助于平衡电网负荷，降低能源浪费。

（六）新材料的研究

在太阳电池领域，新材料的研究一直是一个重要的方向。科学家们通过纳米技术和材料科学的进步，不断寻找新的光电材料，以改进太阳电池的性能。

一些新材料具有出色的光电转换特性，如钙钛矿材料。此外，石墨烯、有机半导体、钙钛矿材料等新型材料的应用也在不断拓展。这些材料的研究和应用有望进一步提高太阳电池的效率和稳定性，推动太阳电池技术的不断创新。

总的来说，太阳电池的发展历程经历了漫长的历史，从最初的科学发现到如今的广泛应用，代表了可再生能源领域的巨大进步。随着技术的不断改进和成本的降低，太阳电池将继续在全球范围内推动可持续能源的发展。

第四节　太阳电池芯片、组件和系统

太阳电池芯片、组件和系统是太阳能发电的关键组成部分，它们在将太阳能转化为电能的过程中发挥着重要作用。本节将介绍这些关键组成部分及其功能。

一、太阳电池系统

太阳电池系统是一种复杂的能源系统，它能够将光能转化为电能。这个系统包括多个关键组件和技术，它们协同工作，以实现高效的能源转换和供电。

（一）太阳电池芯片

太阳电池芯片，也称为太阳电池片，是太阳电池的核心组成部分之一。它们通常由半导体材料制成，最常见的是硅。太阳电池芯片通过光电效应将太阳光转化为电能。当太阳光照射到太阳电池芯片上时，光子激发半导体材料中的电子，从而形成电流。

（二）太阳电池组件

太阳电池组件是由多个太阳电池芯片组装而成的模块。它们通常由玻璃、背板、密封材料和铝框组成，以保护太阳电池芯片免受环境影响。太阳电池组件的主要功能是收集太阳能并转化为电能，将其输出为直流电。太阳能电池组件可根据不同的设计和功率等级进行定制，以满足各种应用需求。

（三）逆变器

逆变器是太阳能电池系统的另一个重要组件。它的主要作用是将太阳能电池组件产生的直流电转换为交流电，以满足家庭或工业用电需求。逆变器具有高效率和电压稳定性等优势，确保所产生的电能可以被有效地利用或注入电网。

（四）电池储能系统

电池储能系统在太阳电池系统中起到关键作用。它们可以存储多余的太阳能电能，以备晚上、天气不佳或高峰用电时使用。这有助于提高太阳电池系统的可靠性和稳定性，使其能够全天候供电。

（五）支撑结构

支撑结构是用于支持太阳电池组件的重要组件，确保它们稳固地安装在太阳能辐射充足的位置。这些结构通常包括支架、固定架、安装框架等，它们必须具备强度和耐候性，以承受外部环境的影响。

（六）电气连线

电气连线将太阳能电池组件、逆变器、电池储能系统和电网连接在一起，以确保电能的传输和分配。这些电气系统必须精确设计和安装，以确保系统的高效运行。

太阳电池系统可以分为离网系统和网联系统。离网系统是独立供电系统，不需要连接到电网，通常用于偏远地区或没有电网接入的地方。网联系统将太阳能电能注入电网，实现电能的分配和销售。这有助于提高电网的可持续性，减少对传统化石燃料的依赖，还可以通过政府的政策支持和太阳能发电的销售获得额外的收入。

总的来说，太阳电池系统是一种清洁、可再生的能源应用技术，有助于减少温室气体排放，改善环境质量，并为人们提供可靠的电力供应。随着太阳能技术的不断进步和成本的降低，太阳电池系统将在未来继续发挥重要作用，推动可持续能源的应用和可再生能源的普及。太阳电池系统不仅在居住区和工业区得到广泛应用，还在农村地区、偏远地带以及需要临时电源的地方发挥着关键作用。此外，政府和能源公司的支持和投资也推动了太阳电池系统的不断发展。

在可持续能源和环保方面，太阳电池系统的使用对减缓气候变化和改善环境质量具有积极作用。它们不产生温室气体排放，减少了对不可再生化石燃料资源的依赖，有助于降低碳足迹，改善大气和水质。此外，太阳电池系统的运行几乎不会产生噪声或其他污染物，对生态系统的影响相对较小。

在未来，太阳电池系统的发展前景仍然光明。科学家和工程师正在不断努力提高太阳电池的效率，降低成本，探索新的材料和技术。这将进一步扩大太阳电池系统的应用范围，包括大型太阳能发电站、电动交通工具的充电系统，以及更多的分布式发电解决方案。

二、太阳电池组件

太阳电池组件是太阳能发电系统的核心组成部分之一。它们的作用是将太阳光的光能转化为电能，为各种应用提供可持续的电力供应。太阳电池组件的主要构成部分包括太阳电池芯片、背板、密封材料、玻璃罩板和铝框架。

太阳电池芯片通常由半导体材料制成，如硅。它们通过光电效应将太阳光的光能转化为电能。当太阳光照射到太阳电池芯片上时，光子会激发半导体材料中的电子，从而形成电流。这个电流然后可以用于供电或储存。

背板通常位于太阳电池芯片的背面，用于提供支撑和保护。它通常由高强度的材料制成，如聚合物或玻璃纤维增强塑料，以抵抗外部环境的影响。

密封材料是用于保护太阳电池组件内部组件的重要元素，以防止湿气和污染物的侵害。这有助于延长太阳电池组件的寿命并提高其性能。

玻璃罩板通常位于太阳电池芯片的正面，用于保护太阳电池芯片免受外部环境的影响，同时允许太阳光透过并照射到电池芯片上。玻璃通常经过防反射处理，以提高光吸收效率。

铝框架用于支撑太阳电池组件的结构，并提供安装和固定的支持。它具有足够的强度以抵抗风力、雨水和其他环境因素的影响。

太阳电池组件的设计和性能可以根据不同的应用需求进行定制。它们在各种领域中得到广泛应用，包括住宅、商业、工业和农业领域，为可再生能源的推广和利用作出了重要贡献。随着太阳能技术的不断发展，太阳电池组件的效率和可靠性将不断提高，推动清洁能源的发展。

三、太阳电池芯片

太阳电池芯片是太阳电池的核心组成部分之一，其制造过程经历了多个关键步骤。首先，需要选择合适的材料，通常是硅或其他新型材料。然后，控制硅材料的晶体生长或选择适当的形态，如单晶硅、多晶硅或非晶硅。接下来，将硅晶体切割成薄片，即太阳电池芯片的基材。

这些薄片需要经过表面处理，包括去除杂质和涂覆反射层，以提高吸收太阳光的效率。然后，在薄片的前表面制作电极，通常是通过印刷导电的网格或线条。掺杂处理也可能用于改善电子的流动性。背面也需要处理，通常是涂覆抗反射层或其他材料，以减少能量损失。

最后，制造的太阳电池芯片需要组装成太阳电池组件，并进行测试和质量控制。整个制造过程需要高度自动化和质量控制，以确保生产的太阳电池芯片具有一致的性能和可靠性。封装和包装是最后的步骤，以保护太阳电池组件免受环境影响，并使其适合安装和使用。这些步骤共同推动了太阳电池技术的发展，提高了效率并降低了成本，有助于可再生能源的广泛应用。

第三章 太阳电池的伏安特性

第一节　光生载流子的浓度和电流

在太阳电池中，光生载流子的浓度和电流密切相关。

一、光生载流子的产生

太阳电池通常使用半导体材料作为光电转换器。最常见的半导体材料之一是硅（Si），它在太阳电池中广泛应用。

（一）光子的能量吸收

在太阳电池中，光子的能量吸收是光电转换的起点。太阳光中的光子具有能量，当它们照射到太阳电池的表面时，会与半导体材料相互作用。光子的能量必须等于或大于半导体材料中电子的带隙能量，才能被吸收。带隙能量是指半导体材料中电子在价带和导带之间跃迁所需的最小能量。

当光子被吸收时，它们将能量传递给半导体中的电子。这个能量传递激发了电子，使它们从价带跃迁到导带中，成为自由载流子。这是光生载流子产生的过程。

（二）电子的激发

光生载流子的产生中，电子的激发是一个关键步骤。一旦光子被吸收并传递能量给半导体中的电子，这些电子将被激发。这意味着它们获得了足够的能量，以跃迁到半导体的导带中。在导带中，电子拥有足够的自由度和能量，可以在半导体晶格中自由移动，从而形成电流。

电子的激发是由于吸收光子的能量，使电子克服了带隙能量的差距，从价带跃迁到导带。

一旦电子跃迁到导带，它们就成为了自由载流子，能够在半导体中移动，并携带着负电荷形成电流。这个电子流就是太阳能电池中产生电能的核心。因此，电子的激发是光生载流子的产生过程中至关重要的一步。

（三）形成电子 – 空穴对

光生载流子的产生还伴随着电子 – 空穴对的形成。当电子从价带跃迁到导带时，价带中会留下一个空穴，这是电子跃迁后由于缺少电子而在原子中留下的空位。空穴带有正电荷，并且也可以在半导体中自由移动，类似于电子。

电子和空穴的组合被称为电子 – 空穴对。它们在半导体中共同参与电流的形成。电子带负电荷，而空穴带正电荷，它们通过半导体晶格中的碰撞和移动形成电流。这种电子 – 空穴对的生成和运动是太阳电池将太阳能转化为电能的重要过程。

（四）电子和空穴的分离

为了形成电流，电子和空穴必须在半导体中分离开来。这个分离过程通常是通过半导体内部的电场来实现的。当电子和空穴形成后，它们会受到半导体中的电场力的作用，这个电场力会将它们朝着相反的方向推动。

在太阳电池中，通常会有一个内部电场，这是通过在半导体材料中引入杂质或采用特定的结构来实现的。这个电场的存在导致了电子和空穴的分离，使电子朝着一个方向移动，而空穴朝着另一个方向移动。这个分离过程是必要的，因为只有当它们分开时，才能形成电流。

（五）电流的生成

一旦电子和空穴被分离并在半导体中移动，它们就形成了电流。这个电流可以被连接在太阳电池上的电路捕获和传输。在太阳能电池中，通常会有导电金属接触，如铝或银，位于半导体材料的表面，以收集电子和空穴并引导它们流动。

这个电流最终可以用于供电电器、充电电池或注入电网，成为可用的电能。因此，光生载流子的产生、分离和形成电流是太阳电池将太阳光转化为电能的关键步骤。

光生载流子的产生是太阳电池应用的关键，它使太阳电池能够将太阳光转化为电能。因此，太阳电池的性能和效率取决于光生载流子的产生率和分离效率。科学家和工程师通过不断改进半导体材料、太阳电池结构和工艺来提高这些关键参数，以实现更高效的太阳电池技术。

二、光生载流子的浓度

（一）太阳光强度

太阳光的强度是太阳能电池中光生载流子浓度的主要决定因素之一。光生载流子是在太阳光照射下产生的电子－空穴对，它们是电流的基础。太阳光的强度取决于多个因素，如太阳的高度、天气状况和时间。当太阳光辐射强烈时，更多的光子会与半导体材料相互作用，从而激发更多的电子－空穴对。这意味着在阳光充足的天气条件下，光生载流子的浓度会相对较高。

（二）半导体材料的性质

半导体材料的性质对光生载流子的产生和浓度有重要影响。不同类型的半导体材料对光的响应方式不同，因此其吸收光子的能力也不同。一些材料对特定波长的光更敏感，而另一些则对更广泛的波长范围具有较高的吸收系数。因此，在选择太阳电池的半导体材料时，需要考虑太阳光的光谱分布，以确保最大限度地提高光生载流子的产生率和浓度。通过优化半导体材料的性质，可以使太阳电池在不同光照条件下都能表现出较高的效率。

光生载流子浓度是太阳电池性能的一个关键指标，它直接影响到电池的输出功率和效率。因此，在太阳电池的设计和制造过程中，需要综合考虑太阳光强度和半导体材料的性质，以最大程度地提高光生载流子浓度，从而实现更高效的能源转换。

（三）太阳电池的设计

太阳电池的设计在光生载流子浓度的控制和优化方面扮演着至关重要的角色。这些设计元素可以显著影响太阳电池的性能和效率。

1. 反射层

反射层是位于太阳电池表面的一层材料，用于将未被吸收的光子反射回到太阳电池内部。这个过程有助于增强光子与半导体材料之间的相互作用，提高了光的吸收率。这些反射层通常是由金属或二氧化硅等高反射率材料构成。

2. 抗反射涂层

抗反射涂层是一种特殊的涂层，被应用在太阳电池表面以减少光的反射。它们通过减少反射损失，提高光的吸收效率。抗反射涂层通常设计成与太阳光的折射率相匹配，以最大程度地减少反射。

3. 光束聚焦器

光束聚焦器是一种光学元件，用于将光线聚焦在太阳能电池的表面上。这种设计可以增加光线的强度，使更多的光子与半导体材料相互作用，从而提高光生载流子的产生率。光束聚焦器通常用于高集中光伏系统，如太阳能光伏反射器和太阳能光伏塔。

4. 多层结构

多层太阳能电池结构包括多个吸收层和电子传输层，每个层次都对特定波长的光子敏感。这种设计允许太阳电池在不同波长范围内吸收光子，并提高光生载流子的产生率。一些先进的太阳电池采用多层结构，如多结太阳电池。

这些设计元素的优化可以显著提高太阳电池的性能和效率。通过合理的设计，可以最大程度地提高光生载流子浓度，从而增加电池的电流输出和能量转换效率。因此，在太阳电池的研究和生产中，设计元素的选择和优化是至关重要的步骤，以确保太阳电池能够有效地将太阳能转化为电能。

（四）温度

温度对太阳电池中的光生载流子浓度和性能产生重要影响。

1. 光生载流子产生率

随着温度的升高，半导体材料中的原子和分子的热运动也有所增加，这可以促使更多的电子跃迁到导带，从而提高光生载流子的产生率。因此，在高温条件下，光生载流子浓度可能会相对较高。

2. 载流子的复合

尽管温度升高可以增加光生载流子的产生率，但它也会增加电子和空穴的复合速率。在高温下，电子和空穴更容易重新结合，从而减少光生载流子的有效寿命。这可能导致一些光生载流子不能贡献到电流中，降低了太阳电池的效率。

3. 材料性质

不同类型的半导体材料对温度的响应不同。一些材料在高温下可能表现出更好的性能，而其他材料可能在高温下表现出性能下降。因此，太阳电池的材料选择和设计需要考虑在不同温度条件下的性能。

4. 工作环境

太阳电池通常在户外环境中运行，而这些环境可能经历季节性和日夜温差的变化。温度波动可能会对太阳电池的性能产生影响，因此太阳电池系统通常会包括温度管理措施，如散热系统或温度传感器，以优化工作条件。

总的来说，温度是太阳电池性能的一个重要参数，可以在一定程度上影响光生载流子浓度。太阳电池的最佳工作温度取决于材料类型、设计和环境条件。因此，在太阳电池系统的设计和运行中，需要综合考虑温度因素，以最大程度地提高太阳电池的性能和效率。

光生载流子的浓度是太阳电池性能的关键因素之一。通过优化太阳电池的设计、半导体材料的选择和应对不同的光照条件，可以最大程度地提高光生载流子的浓度，从而提高太阳电池的效率和能量产出。

三、电流的生成

电流的生成是太阳电池的核心功能之一，它涉及光生载流子的分离和流动，从而实现电能的产生。

（一）光生载流子的分离

光生载流子的产生始于太阳光中的光子，它们在太阳能电池的半导体材料中被吸收。光子的能量激发电子使其从价带跃迁到导带，同时在价带中留下一个空穴。这一过程被称为光生载流子的产生，光生载流子通常以电子－空穴对的形式同时生成。电子跃迁到导带中，使其成为自由移动的电荷载体，而留下的空穴是带有正电荷的。

（二）电子和空穴的移动

一旦电子和空穴被生成，它们在半导体材料中开始自由移动。电子在导带中具有足够的能量来形成电流，因为它们能够自由穿越半导体的结构，并且带有负电荷。与此同时，空穴在价带中也能够移动，虽然它们是带有正电荷的载体。电子和空穴的移动是电流形成的前提，因为它们是带电的粒子，可以在半导体中移动。

（三）电子和空穴的分离

为了形成电流，电子和空穴必须在半导体内部分离开来，这通常是通过半导体材料内部的电场来实现的。电子和空穴在电场的作用下被分离到不同的区域，使它们不能再次重新结合。电场的存在确保了电子和空穴在各自的区域内移动，而不是发生复合过程，其中电子与空穴重新结合并丧失能量。

（四）电流的流动

一旦电子和空穴被有效地分离并阻止它们重新结合，它们就能够形成电流。在太阳电池中，电子和空穴在半导体中开始自由移动。电子在导带中具有足够的能量和自由度，可以形成电子流，而空穴在价带中也具备一定的移动能力，形成空穴流。由于它们具有相反的电荷，电子流和空穴流的方向也是相反的。当它们共同存在时，它们形成了一个净电流，也就是电流。

（五）电流的收集

一旦电流形成，它需要被有效地收集和传输。在太阳电池中，电流通常由电极或电子传导层收集。这些电极位于太阳电池的顶部和底部，它们充当了电子和空穴的集电极，将它们引导至电池的输出电路。电流随后可以用于供电电器、充电电池或者通过逆变器注入电网，以实现可再生能源的利用。

总的来说，电流的生成是太阳电池将太阳能转化为电能的关键过程。通过精心设计和优化太阳电池的结构，可以提高电子和空穴的分离效率，从而提高电流的产生率和太阳电池的整体性能。

四、光生载流子的寿命

光生载流子的寿命对太阳电池的性能和效率至关重要。

（一）光生载流子的寿命

光生载流子的寿命是太阳电池性能的关键因素之一。它指的是电子和空穴在光子激发后保持分离状态的时间段。这段时间决定了光生载流子是否能够参与电流生成，因此直接影响着太阳电池的效率和性能。

寿命越长，光生载流子就有更多的时间在半导体中自由移动，避免被重新组合成电子－空穴对。这意味着更多的光生载流子将能够参与电流的生成，从而产生更多的电能。因此，寿命的长短直接关系到太阳电池的电能输出。

光生载流子的寿命受多种因素的影响，包括半导体材料的质量、杂质水平、温度和太阳电池的结构设计。高质量的半导体材料通常具有较长的寿命，因为它们包含较少的缺陷和杂质，这有助于减少光生载流子的重新组合。此外，低温环境通常有助于延长寿命，因为较低的温度减缓了光生载流子重新组合的速度。

为了提高光生载流子的寿命，太阳电池的设计和工程通常采取一系列措施。例如，选择低杂质材料、优化电池结构以减少载流子重新组合，以及控制工作温度，这些都是延长光生载流子寿命的方法。

（二）影响光生载流子寿命的因素

光生载流子的寿命受多种因素影响，其中包括半导体材料的品质、杂质水平、温度和太阳电池的结构设计。以下是一些主要的影响因素。

1. 材料品质

太阳电池使用的半导体材料的品质对光生载流子寿命至关重要。高质量的材料通常具有较长的寿命，因为它们具有较少的缺陷和杂质，这有助于阻止光生载流子的重新组合。

2. 杂质水平

杂质和缺陷可以作为光生载流子重新组合的中心。高杂质水平可能导致光生载流子寿命减短，因为杂质可以捕获电子或空穴并促使它们重新组合。

3. 温度

温度对光生载流子寿命也有显著影响。较高的温度可以增加光生载流子的能量，使其更容易重新组合。因此，控制温度对维持较长的寿命至关重要。

（三）寿命的延长

太阳电池的性能和可靠性与光生载流子的寿命密切相关。因此，采取一系列设计和工程措施旨在最大程度地延长光生载流子的寿命是太阳电池领域的重要研究方向。以下是一些关键措施，旨在延长光生载流子的寿命。

① 材料选择：选择高质量的半导体材料，以降低杂质水平，减少非辐射性复合中心的存在。高质量材料有助于延长光生载流子的寿命。

② 结构设计：优化太阳电池的结构设计，以降低载流子重新组合的可能性。例如，添加电子传输层和空穴传输层可以有效分离电子和空穴，延长它们的寿命。

③ 表面涂层：应用抗反射涂层和抗反射表面结构，以提对高光的吸收，并减少表面反射。这可以增强光子与半导体材料的相互作用，从而提高光生载流子的产生率和寿命。

④ 电场控制：通过设计适当的电场分布，可以有效地分离电子和空穴，减少它们的再结合机会。这包括在太阳电池内部引入电场层。

⑤ 温度控制：保持太阳电池在适宜的温度范围内工作，以避免过高的温度，因为高温可能会促进光生载流子的再结合。冷却系统或散热设计可用于控制温度。

⑥ 工艺改进：优化生产工艺，以减少制造过程中引入的缺陷和杂质。

这有助于提高太阳电池的质量和性能。

⑦ 磁场控制：一些研究表明，在太阳电池中引入磁场可以延长光生载流子的寿命，减少非辐射性复合。

通过采取这些措施，科学家和工程师可以延长光生载流子的寿命，从而提高太阳电池的效率、可靠性和经济性。这对于推动太阳电池技术的发展，以及可再生能源的广泛应用具有重要意义。

（四）影响电池性能

光生载流子的寿命对太阳电池的性能至关重要。较长的寿命可以提高电池的效率和可靠性，因为它们允许更多的光生载流子参与电流生成，从而提高了电池的电能输出。因此，研究和优化光生载流子寿命是太阳电池领域的重要研究方向。

五、光生载流子浓度的优化

光生载流子的寿命对太阳电池的性能具有深远的影响，因为它直接影响电池的效率、稳定性和可靠性。

① 效率提高：光生载流子寿命的延长意味着更多的电子和空穴将有更多的时间参与电流生成过程。这提高了电池的光电转换效率，因为更多的太阳能被有效地转化为电能。

② 可靠性增强：较长的光生载流子寿命有助于减少电子和空穴的复合率，从而减缓了电池在长时间使用和极端条件下的性能衰减。这使太阳电池更加可靠，能够在不同环境中持久运行。

③ 稳定性提高：太阳电池的性能稳定性取决于光生载流子的寿命。短寿命的光生载流子可能导致电池性能的波动和不稳定性，而长寿命的光生载流子则有助于维持一致的性能。

④ 降低成本：效率提高和可靠性增强有助于降低太阳电池系统的维护和更换成本。长寿命的太阳电池更持久，减少了对维修和更换的需求，从而提高了太阳电池系统的经济性。

⑤ 提高环境适应性：太阳电池在各种环境条件下使用，包括高温、低温、湿度和光照变化较大的情况。长寿命的光生载流子有助于提高电池在不同环境下的性能和适应性。

⑥ 推动技术进步：对光生载流子寿命的研究推动了太阳电池技术进步。科学家和工程师通过优化材料、结构和制造工艺，以延长光生载流子寿命，从而推动了太阳能电池性能的提升。

总的来说，光生载流子的浓度和电流是太阳电池工作的核心要素。通过最大程度地优化这些因素，太阳电池可以实现更高的效率和更大的电力输出，从而更好地满足能源需求并减少对传统能源的依赖。

第二节　太阳电池的伏安特性

太阳电池的伏安特性是描述太阳电池性能的重要参数之一。这些特性图形化地表示了太阳电池在不同电压和电流条件下的行为。伏安特性曲线通常由两个主要参数组成：电流与电压之间的关系（I-U 曲线）和功率与电压之间的关系（P-U 曲线）。

一、电流与电压的关系（I-U 曲线）

I-U 曲线显示了太阳能电池的输出电流与输出电压之间的关系。这个曲线通常在标准测试条件（STC）下绘制，其中太阳光强度为 1 000 W/m²，温度为 25 ℃。I-U 曲线的主要特点包括以下几点。

（一）截断电流（I_{sc}）

截断电流是指在太阳能电池的输出电路未连接负载时，电池产生的最大电流。它通常在标准测试条件下测量，即在标准温度和光照条件下。I_{sc} 表示了在最大光照下电池能够提供的最大电流。

（二）开路电压（V_{oc}）

开路电压是指在太阳电池的输出电路未连接负载时，电池的输出电压。与 I_{sc} 一样，V_{oc} 也是在 STC 条件下测量的。它表示电池的最大输出电压。

（三）最大功率点（*MPP*）

MPP 是 I-U 曲线上的一个点，表示在给定的光照条件下太阳电池可以提供的最大输出功率。在 *MPP* 处，电池的电流和电压达到平衡，产生最大的功率输出。

（四）填充因子（*FF*）

填充因子是一个无量纲的参数，用于衡量电池性能。它是实际输出功率与理论最大输出功率之比。*FF* 描述了电池性能的损失程度，通常在 0.6 到 0.8 之间。填充因子越高表示电池性能越好。

（五）效率

太阳电池的效率是指太阳能光线转化为电能的效率，通常以百分比表示。它是由输出功率与入射太阳光的功率之比来计算的。高效率的太阳电池能够更有效地将太阳能转化为电能。

这些参数对于评估太阳电池的性能和选择最佳电池类型，以满足特定应用需求非常重要。通过仔细监测和分析伏安特性曲线，工程师和研究人员可以优化太阳电池系统的设计和操作，以确保最大限度地提高能源产出并延长电池的寿命。

二、功率与电压的关系（P-U 曲线）

功率与电压之间的关系（P-U 曲线）是太阳电池性能评估中至关重要的一部分。这个曲线显示了太阳电池的输出功率如何随着输出电压的变化而变化。理解和分析 P-U 曲线可以帮助工程师和研究人员确定太阳电池的最佳工作点，以获得最大的功率输出。

P-U 曲线通常呈现为一个倒置的 U 形曲线，其中输出功率在某一点达到峰值。以下是一些关键方面的解释。

（一）最大功率点（*MPP*）

MPP 是太阳电池伏安特性曲线上的一个关键点，表示在给定的光照条件下，太阳电池可以提供的最大输出功率的对应点。在 *MPP* 处，电池的电压和电流的乘积达到最大值，因此电池的输出功率也达到峰值。工程师和系统设计师会调整电池的工作点，以确保尽可能接近 *MPP*，以最大化能量输出。

（二）短路电流点

短路电流点位于伏安特性曲线的左侧，对应于电池输出电压为零的情况。在这个点上，电池的输出电流达到最大值，但是输出功率为零，因为电压为零。这个点用于计算电池的短路电流（I_{sc}），这是电池在开路电压下的输出电流。

（三）开路电压点

开路电压点位于伏安特性曲线的顶部，对应于电池输出电流为零的情况。在这个点上，电池的输出电压达到最大值，但是输出功率同样为零，因为电流为零。这个点用于计算电池的开路电压（V_{oc}），这是电池在短路电流下的输出电压。

（四）填充因子（*FF*）

填充因子是一个用来衡量伏安特性曲线的平坦程度的参数。它是实际输出功率与 *MPP* 处的最大输出功率之比。填充因子越接近 1，表示曲线越接近一个矩形，电池性能越好。填充因子通常在 0.6 到 0.8 之间，高效率的太阳电池通常具有较高的填充因子。

（五）效率

太阳电池的效率是指太阳能转化为电能的效率，通常以百分比表示。它是由 *MPP* 处的输出功率与入射太阳光的功率之比来计算的。高效率的太阳电池能够更有效地将太阳能转化为电能，因此具有更高的电池效益。

分析 P-U 曲线有助于确定太阳电池的最佳工作点，以实现最大的能量输出。这对于太阳电池系统的设计和性能优化至关重要，特别是在不同光照条件下。通过监测和调整太阳电池系统的操作点，可以最大化电池的电能产出，提高系统的效率和可靠性。

三、应用和解读伏安特性曲线

太阳电池的伏安特性曲线在太阳能系统设计、性能监测和故障诊断等方面具有重要作用。

（一）系统设计

伏安特性曲线对于太阳电池阵列的系统设计至关重要。通过仔细分析这些曲线，工程师可以确定最佳的电池组串联和并联配置，以获得所需的电流和电压输出，并确保系统在各种光照条件下都能达到最大功率点。这有助于确保系统在不同季节和天气条件下都能高效运行。

（二）性能监测

太阳电池的性能可能会随着时间而变化，伏安特性曲线可以用于监测电池性能的变化。通过定期绘制和比较伏安特性曲线，可以检测到电池性能下降或偏移的现象。如果曲线显示出明显的异常，这可能表明电池存在问题，需要进行维护或更换。

（三）故障诊断

伏安特性曲线也可用于诊断太阳电池系统中的故障。例如，如果伏安特性曲线显示电池输出电压偏低，这可能是由于连接问题、损坏的电池或电池老化引起的。通过检查曲线的形状和特征，可以帮助确定故障的性质和位置。

（四）性能评估

通过分析伏安特性曲线，可以评估太阳电池的性能。填充因子和效率是评估性能的关键参数。填充因子是一个无量纲的参数，用于衡量伏安特性曲线的平坦程度，填充因子通常在 0.6 到 0.8 之间。效率是太阳电池将太阳能光线转化为电能的百分比，通过计算 MPP 处的输出功率与入射太阳光的功率之比来获得。高效率的太阳电池能够更有效地将太阳能转化为电能，从而提高系统的整体性能。

（五）系统优化

通过监测和分析伏安特性曲线，可以实现太阳电池系统的优化。在不同天气条件下，系统可以自动调整工作点以跟踪 *MPP*。这可以通过最大程度地利用可用太阳能来实现最大的能量产出。此外，可以根据季节性和气象预测来优化系统操作，以确保最大化系统的性能和效率。

总之，太阳电池的伏安特性曲线是太阳能系统工程师和运维人员的重要工具，帮助他们设计、监测和维护太阳能电池系统，以确保其最大化性能和可靠性。

第三节　太阳电池的伏安特性曲线

太阳电池的伏安特性曲线（I-U 曲线）是一个图形表示，显示了电池在不同电流（I）和电压（U）条件下的性能。这些曲线对于评估太阳能电池的工作特性及优化系统设计和性能非常重要。在本节中，将详细介绍太阳电池的伏安特性曲线，包括其构成要素和应用。

一、构成要素

太阳电池的伏安特性曲线通常由以下几个主要要素组成。

（一）开路电压（V_{oc}）

开路电压（V_{oc}）是太阳能电池的一个重要性能参数，它是在电池的输出电流为零时的电压。在伏安特性曲线上，开路电压通常对应于曲线的高电压端。开路电压是太阳电池的一个关键指标，它表示在无负载的情况下电池可以提供的最大电压。

开路电压是一个稳态参数，通常在标准测试条件下进行测量，这些条件包括太阳辐射强度为 1 kW/m^2、温度为 25 ℃和大气质量为 1.5。在 STC 下，开路电压通常被用来评估太阳电池的性能，以及与其他太阳电池进行比较。

开路电压的大小受多种因素的影响，包括太阳光照强度、光照谱、半导体材料的特性，以及电池的温度。较高的光照强度通常会导致较高的开路电压，因为更多的光子被吸收并产生电子－空穴对。不同的半导体材料也会影响开路电压，因为它们对不同波长的光的响应方式不同。

开路电压是太阳电池的一个关键性能参数，它在太阳能系统的设计和性能评估中起着重要作用。在系统设计中，工程师需要考虑太阳电池的开路电压，以确保其与逆变器和其他组件的匹配。在性能评估中，开路电压是评估电池性能和效率的一个重要标志。

总的来说，开路电压是太阳电池的一个重要性能参数，它表示电池的最大输出电压，在太阳能系统的设计和运行中具有重要作用。

（二）短路电流（I_{sc}）

短路电流（I_{sc}）是太阳电池的另一个重要性能参数，它是在电池的输出电压为零时测得的电流值。简言之，它表示了电池在最大光照条件下能够提供的最大电流输出。

在太阳电池的伏安特性曲线上，短路电流点通常位于曲线的高电流端。这是因为在短路条件下，电池的输出电压为零，电流达到最大值。短路电流通常在标准测试条件下进行测量，STC 包括太阳辐射强度为 1 kW/m^2、温度为 25 ℃和大气质量为 1.5。

短路电流的大小取决于多个因素，包括太阳光照强度、光照谱、半导体材料的特性，以及电池的温度。较高的光照强度通常会导致较高的短路电流，因为更多的光子被吸收并产生电子－空穴对。不同类型的半导体材料也会影响短路电流，因为它们对不同波长的光有不同的响应。

短路电流对于太阳电池系统的设计和性能评估非常重要。在系统设计中，工程师需要考虑电池的短路电流，以确保电池与其他组件的匹配。在性能评估中，短路电流是评估电池性能和效率的一个关键参数。

总之，短路电流是太阳电池的一个重要性能参数，它表示在最大光照条件下电池能够提供的最大电流输出。它在太阳能系统的设计和运行中具有关键作用。

（三）最大功率点

最大功率点在太阳电池的伏安特性曲线中具有重要意义。它代表着在特定光照条件下太阳电池可以提供的最大输出功率。理解和优化 *MPP* 对于太阳电池系统的设计和性能至关重要。

MPP 是伏安特性曲线上的一个点，通常位于曲线的中间位置。在 *MPP* 处，太阳电池的输出电流和输出电压达到平衡，从而产生最大的功率输出。具体来说，*MPP* 点的电流和电压分别称为 *MPP* 电流（I_{MPP}）和 *MPP* 电压（U_{MPP}），而 *MPP* 处的功率输出被称为最大功率（P_{MPP}）。

太阳电池的 *MPP* 是一个动态值，它随着光照条件的变化而变化。在不同的天气、时间和季节中，太阳电池所处的光照条件会发生变化，因此 *MPP* 点也会随之变化。因此，太阳电池系统通常配备了最大功率点跟踪器（*MPPT*），它可以追踪和调整电池的操作点，以确保始终工作在 *MPP* 附近，从而最大化能量产出。

MPP 的优化对太阳电池系统的性能至关重要。通过确保电池在 *MPP* 附近工作，系统可以提供最大的电能输出，从而提高了能源利用率。这对于太阳电池阵列的设计和操作非常重要，特别是在需要最大化能量产出的应用中，如屋顶太阳电池系统和太阳能电站。

总之，最大功率点是太阳电池伏安特性曲线上的一个关键点，代表着在特定光照条件下电池可以提供的最大输出功率。通过追踪和优化 *MPP*，太阳电池系统可以实现更高的能量产出，提高可再生能源的利用效率。这使得理解和优化 *MPP* 对于太阳电池技术的发展和应用至关重要。

（四）填充因子

填充因子是太阳电池伏安特性曲线中的一个重要参数，用于衡量曲线的平坦程度和电池性能的损失程度。这个参数对于评估太阳电池的效率和性能非常关键。

填充因子的值通常在 0 和 1 之间，表示为一个小数或百分比。它描述了伏安特性曲线的形状，具体来说，填充因子是实际输出功率（$P_{实际}$）与 *MPP* 点处的最大输出功率（$P_{最大}$）之比。其计算公式如下：

$$FF = P_{实际}/P_{最大}$$

在这个公式中，$P_{实际}$是太阳电池在实际操作条件下的输出功率，而$P_{最大}$是在最大功率点处的最大输出功率。因此，填充因子可以看作是电池性能的一种度量，它表示实际使用中电池损失了多少功率。

一个填充因子接近1的太阳电池表示其伏安特性曲线接近一个矩形，即电流和电压都接近 *MPP* 处的值，电池性能较好。相反，填充因子较低的电池表示其伏安特性曲线有较大的损失，电流和电压的偏差较大，电池性能较差。

填充因子的优化是太阳电池设计的重要目标之一。通过改进材料、结构和制造工艺，可以提高电池的填充因子。填充因子较高的太阳电池能够更有效地将太阳能转化为电能，从而提高了能量产出和电池的整体性能。

总之，填充因子是评估太阳电池性能的一个重要参数，用于衡量伏安特性曲线的平坦程度和电池性能的损失程度。通过优化填充因子，可以提高太阳电池的效率和性能，从而更有效地利用太阳能资源。这对于可再生能源的发展和应用具有重要意义。

（五）效率

太阳电池的效率是一个关键性能指标，它决定了太阳电池在将太阳光转化为电能时的效率和能量损失程度。太阳电池的效率通常以百分比表示，表示太阳能光线中的一部分能量被成功地转化为电能。在太阳电池领域，提高效率一直是研究和发展的主要目标之一。

以下是关于太阳电池效率的一些重要观点和考虑因素。

1. 材料和技术选择

太阳电池的性能直接受到所选的半导体材料和制造技术的影响。不同的太阳电池类型采用不同的材料和结构，这些选择将直接决定电池的性能和效率。

2. 多晶硅电池

多晶硅太阳电池是最常见的太阳电池类型之一。它们的效率通常在15%～22%，尽管不如某些其他类型的电池高效，但它们的制造成本相对较低。这使得多晶硅电池适用于各种规模和应用，包括住宅和商业用途。

3. 单晶硅电池

单晶硅太阳电池采用单晶硅材料，其晶体结构更加有序，因此具有更高的转换效率。它们的效率通常高于多晶硅，可以达到 22%～27%。

然而，制造单晶硅电池的成本较高，因为需要单一晶体生长和切割，这使得它们主要适用于需要高效率的应用，如太空航天和一些大型光伏电站。

4. 薄膜太阳电池

薄膜太阳电池采用薄膜材料作为光吸收层，其效率通常在 10%～20%。尽管其效率相对较低，但薄膜太阳电池在其他方面具有独特的优势。首先，它们非常轻薄，因此适用于某些需要轻质、灵活性和可弯曲性的特殊应用，如建筑一体化和便携式充电设备。此外，薄膜太阳电池的制造过程相对简单，可能导致更低的生产成本。

5. 多接汇太阳电池

多接汇太阳电池是通过将多个太阳电池连接在一起来实现更高效率的类型。这些电池以串联或并联的方式连接，以提高整个系统的效率。多接汇电池通常可以实现 30%以上的高效率。它们常用于大型光伏电站和专业应用，如太空探索。

6. 表面反射和抗反射涂层

太阳电池表面的光线反射和折射会导致光能损失。为了减少这种损失，太阳电池通常采用表面反射和抗反射涂层。表面反射涂层可以减少光线的反射，使更多的光线被吸收。抗反射涂层可以改善电池表面的折射率，使光线更容易进入电池内部。这些涂层可以显著提高太阳电池的效率，特别是在高光照条件下。

7. 光谱适应性

太阳电池的效率通常与入射光谱的匹配程度有关。不同类型的太阳电池对入射光谱的响应不同。某些太阳电池对特定波长的光更敏感，因此在特定光谱条件下效率更高。为了充分利用不同光谱的光线，研究人员不断努力开发新型太阳电池材料，以提高光谱适应性。

8. 热管理

太阳电池在工作时会产生热量，过高的温度会降低效率。因此，有效的热管理对于维持高效率非常重要。一种常见的方法是使用散热器或冷却系统来控制电池的温度，以确保它们在适宜的温度范围内运行。此外，一些高效太阳电池还可以利用多晶硅太阳电池不透明的背面来吸收部分光谱中的热量，从而提高效率并降低温度。

9. 光伏系统设计

太阳电池的效率不仅取决于电池本身，还受到整个光伏系统设计情况的影响。系统设计因素包括太阳电池的排列方式、跟踪系统，以及电池的电气连接。例如，太阳电池的排列方式可以根据太阳的运动进行优化，以最大程度地利用太阳光。跟踪系统可以追踪太阳的位置，并使太阳光始终垂直于电池表面，从而提高光的吸收效率。正确的电气连接也可以降低能量损失并提高系统的整体效率。

太阳电池的效率是一个复杂的问题，需要综合考虑多个因素。不同类型的太阳电池和应用领域可能会追求不同的效率水平。随着技术的不断进步，太阳电池的效率仍在不断提高，这将有助于更广泛地利用太阳能资源，减少对传统能源的依赖。

二、应用领域

太阳电池的伏安特性曲线在以下应用领域中具有重要作用。

（一）系统设计

伏安特性曲线是太阳电池系统设计的关键工具。工程师可以使用这些曲线来确定最佳的太阳电池阵列配置。通过分析伏安特性曲线，他们可以选择适当的电池类型、串联和并联配置，以获得所需的电流和电压输出，以及最大功率点。这有助于确保系统在不同光照条件下都能发挥最佳性能，从而最大程度地利用太阳能。

（二）性能监测

定期测绘和比较伏安特性曲线可以用于监测太阳电池的性能变化。电池性能可能会随着时间而变化，例如，由于老化、污染或损坏造成电池性能变化。如果曲线显示出明显的偏移或性能下降，这表明电池可能存在问题，需要进行维护或更换。性能监测可以帮助及早发现问题，以确保系统的可靠性和长期性能。

（三）故障诊断

伏安特性曲线还可用于诊断太阳电池系统中的故障。异常的曲线形状或特征表明电池或系统可能存在问题。例如，如果曲线显示出不寻常的波动或失真，可能是由于电池连接问题、损坏的电池或其他故障引起的。通过仔细分析伏安特性曲线，可以识别产生故障的根本原因，并采取适当的措施进行修复。

（四）性能评估

伏安特性曲线的分析允许对太阳电池的性能进行全面评估。其中两个关键参数是填充因子和效率。填充因子是一个无量纲的参数，用于衡量伏安特性曲线的平坦程度，通常在 0.6～0.8 之间。更高的填充因子表示电池性能的损失较小。效率是指太阳电池将入射太阳光转化为电能的效率，通常以百分比表示。通过伏安特性曲线中的数据，可以计算出电池的实际效率，这是评估电池性能的关键指标之一。

（五）系统优化

通过监测和分析伏安特性曲线，可以优化太阳电池系统的操作，以确保在不同天气条件下最大化能量产出。关键在于跟踪最大功率点，即伏安特性曲线上的点，电池在该点处产生最大功率输出。太阳能电池系统通常配备最大功率点跟踪器，它们根据实时光照条件自动调整电池的工作点，以保持在 *MPP* 附近工作。这有助于确保系统在不同光照条件下都能发挥最佳性能，从而最大程度地利用太阳能资源。

总之，太阳电池的伏安特性曲线是一个关键工具，用于评估、监测、诊断和优化太阳电池系统，以提高系统的性能、可靠性和能源产出。它们为工程师和维护人员提供了关于电池性能的重要信息，有助于确保太阳电池系统在各种工作条件下都能表现出最佳性能。

此外，伏安特性曲线还有助于太阳电池的制造商进行质量控制和性能验证。通过测量电池的伏安特性曲线，制造商可以确保其产品符合设计规格，并提供客户所需的性能。

第四节　太阳电池的伏安特性测试与外量子效率测试

太阳电池的伏安特性测试和外量子效率测试是评估太阳电池性能和效率的重要方法。它们提供了关于电池在不同工作条件下的性能数据，有助于优化太阳电池系统的设计和操作。

一、伏安特性测试

（一）测试原理

伏安特性测试的原理基于欧姆定律，该定律描述了电流（I）与电压（U）之间的关系。在太阳电池中，光照下电池内部的半导体材料会产生电流。通过在电池的正负端口施加不同的电压，可以测量电池的电流响应。伏安特性曲线是由一系列电流和电压数据点绘制而成，显示了电池的电流－电压关系。从曲线中可以识别出各种关键性能参数，如开路电压、短路电流、最大功率点等。

（二）测试设备

伏安特性测试通常需要使用专用的伏安特性测试仪。这些测试仪器通常包括一个电源，用于施加不同的电压，以及一个电流测量仪，用于测量相应的电流响应。测试仪还可能包括数据采集系统和计算机界面，以便记录和分析测试结果。这些设备通常能够自动控制电压和电流，并在不同的电压水平下测量电流，从而生成伏安特性曲线。

（三）应用

伏安特性测试在太阳电池领域具有广泛的应用。

1. 性能评估

伏安特性曲线提供了太阳电池性能评估的重要数据。开路电压（V_{oc}）和短路电流（I_{sc}）是电池的关键参数，它们可以帮助确定电池的性能水平。通过伏安特性曲线，可以精确测量这些参数并评估电池的效率、稳定性和输出功率。

2. 质量控制

在太阳电池的制造过程中，伏安特性测试用于质量控制和质量保证。制造商可以通过比较实际测试数据与规格要求来确保生产的电池符合标准。如果伏安特性曲线显示出与预期不符的趋势或特征，可能需要对制造过程进行调整，以避免生产带有缺陷或不合格的产品。

3. 系统设计

伏安特性曲线在太阳电池阵列的系统设计中起到关键作用。通过分析这些曲线，工程师可以确定最佳的电池组串联和并联配置，以实现所需的电流和电压输出，并确保系统在不同光照条件下都能实现最大功率点，从而提高整个系统的效率和性能。

4. 性能监测

太阳电池的性能可能会随着时间而变化，这可能是由于气象条件、污染、电池老化等因素引起的。通过定期进行伏安特性测试，可以监测电池性能的变化。如果伏安特性曲线显示出不正常的特征，例如，功率下降或电压偏离预期值，这表明电池可能存在问题，需要及时维护或更换，以确保系统的可靠性和性能。

5. 故障诊断

伏安特性曲线还可用于诊断太阳电池系统中的故障。异常的曲线形状或趋势表明电池或系统可能存在问题，例如，电池连接问题、损坏的电池和反向极性。通过分析伏安特性曲线，可以迅速确定问题的根本原因，并采取适当的措施进行修复，以最小化系统停机时间和性能损失。

二、外量子效率测试

（一）测试原理

外量子效率测试是一种通过测量太阳电池对不同波长光的响应来评估其性能的方法。它基于光电效应原理，通过测量电池在不同波长光下的电流产生效率来确定电荷转移效率。测试使用一系列不同波长的光源，测量每个波长下电池的响应，并将其转化为外量子效率曲线。这些曲线显示了电池对不同波长光的吸收和电荷产生效率，有助于确定电池在不同波长光下的性能。

（二）测试设备

外量子效率测试通常需要专用的测试设备，包括以下组件。

1. 光源

用于提供各种波长的光。通常使用可调谐的光源，以覆盖太阳光谱的不同部分。

2. 光谱仪

用于测量入射光的波长和强度。光谱仪可以分析光的光谱特性，以确保测试使用的光源在有所需的波长范围内。

3. 电流测量设备

用于测量太阳能电池在不同波长光下产生的电流响应。这些设备能够测量非常小的电流，以确保准确测量电池的响应。

测试设备需要进行精确校准，以确保结果的准确性和可重复性。

（三）应用

1. 材料选择

太阳电池的性能与所选材料密切相关。通过外量子效率测试，研究人员可以评估不同材料对不同波长光的响应，从而选择最适合特定应用的材料。这有助于实现更高的效率和光谱适应性，从而推动太阳电池技术的进步。

2. 性能评估

外量子效率测试用于评估太阳电池的性能，包括对不同波长光的响应情况。通过了解电池在光谱中的表现，研究人员可以识别改进电池设计和制造的潜在机会。这有助于提高电池的整体性能和效率。

3. 性能衰减研究

太阳电池在长期使用和不同环境条件下可能会发生性能衰减。外量子效率测试可以用于监测电池性能的变化，例如，由于老化、环境影响或材料损耗引起的变化。这有助于识别性能下降的原因并采取适当的维护措施。

4. 材料研究

外量子效率测试对于研究新型太阳电池材料的性能和适应性至关重要。研究人员可以通过测试不同材料的外量子效率来评估其在光伏应用中的潜力。这有助于推动太阳电池技术的创新，寻找更高效、更稳定的材料。

这两种测试方法结合使用可以提供全面的太阳电池性能评估。伏安特性测试揭示了电池的基本性能参数，而外量子效率测试允许深入了解电池对不同波长光的响应。通过这些测试，可以优化太阳电池的设计、制造和操作，以提高效率和可靠性。

第四章
太阳电池的支架及支架基础

第一节　工程地质

工程地质在太阳电池支架和支架基础的设计和建设中起着至关重要的作用。以下是一些关键方面。

一、地质调查

地质调查是太阳电池站项目中不可或缺的一部分，它为项目的成功和可持续性提供了坚实的地质基础。这项工作涉及对特定地点的土壤、地下水位、地形等地质条件进行仔细研究和评估。以下将详细探讨地质调查的重要性、方法和应用。

（一）地质调查的重要性

地质调查在太阳能电池站项目中具有至关重要的地位，其重要性体现在以下几个方面。

1. 确定合适的建设地点

地质调查帮助确定最适合建设太阳能电池站的地点。不同地点的地质条件各异，有些地方可能适合建设，而其他地方则可能存在高风险或不适合建设。通过调查，可以选定具有稳定土壤和适当地下水位的地点，从而确保电池站的可靠性和稳定性。

2. 风险评估和管理

地质调查有助于识别潜在的地质风险，如土壤侵蚀、地滑、地裂等。通过了解这些风险，项目团队可以制定相应的风险管理策略，以减少不利影响，确保电池站的长期可持续性。

3. 基础设计和支架布局

地质调查结果直接影响支架和基础的设计。不同类型的土壤可能需要采用不同类型的基础，如混凝土基础或桩基础。地形特征也会影响支架的布局，以确保最大程度地利用地势并避免不必要的地形调整。

4. 环境保护

地质调查还可用于保护周围环境。通过了解地下水位和土壤特性，可以预测潜在的环境影响，采取措施来减少对周围生态系统的负面影响。

（二）地质调查方法

地质调查通常包括以下步骤和方法。

1. 地表观察

调查员首先对选定的地点进行地表观察。他们会注意到土壤类型、岩石露头、地形特征和可能存在的问题迹象，如地裂或河道。

2. 地质样品采集

为了更深入地了解土壤和岩石的特性，地质样品会进行采集和分析。这包括取样品以确定土壤的质地、含水量和成分，以及分析岩石的类型和强度。

3. 地下水位测定

地下水位的高低对项目的支架和基础设计至关重要。通过钻取地下水井或测定地下水位来确定地下水位。

4. 地质调查报告

地质调查结果将汇总在地质调查报告中，其中包括对土壤、地下水位和地形的详细描述，以及对潜在的地质风险的评估。这份报告将成为项目决策的重要依据。

（三）地质调查的应用

地质调查在太阳电池站项目中有多种应用。

1. 选址决策

地质调查的首要应用是影响选址决策。在太阳电池站项目之初，进行地质勘察是为了确定最适合建设太阳电池站的地点。不同地区的地质条件可能大相径庭，因此选址的决策需要充分的地质信息作为依据。通过了解土壤类型、地下水位、地形特征等，项目规划者可以选择最合适的地点，以确保后续建设和运营的稳定性和可行性。

2. 基础设计

地质调查数据为支架和基础的设计提供了关键信息。不同地质条件可能需要不同类型的基础设计，如桩基础、浇筑混凝土基础等。通过评估土壤的稳定性，地质工程师可以确定最适合的基础类型，以确保支架和太阳电池组件得到充分支撑，不受风荷载和其他自然力的影响。

3. 风险管理

地质调查有助于识别潜在的地质风险，如滑坡、地陷或土壤侵蚀等。通过在项目计划和设计阶段识别这些风险，项目管理团队可以采取相应的风险管理措施，减少项目的不稳定性和环境影响。这包括选择适当的基础设计、采取土地保护措施，以及制定灾害响应计划。

4. 环境保护

地质调查还有助于制定环境保护计划，确保项目对周围生态系统的影响最小化。例如，在高地下水位区域，可能需要采取排水措施，以防止基础受到水的侵蚀。此外，了解土壤类型和质地可以帮助规划土壤保护措施，以减少土壤侵蚀和污染。

地质调查在太阳电池站项目中扮演着关键的角色，通过了解地质条件，可以为项目的可行性、稳定性和环境友好性提供坚实的基础。这些调查不仅有助于选择合适的建设地点，还确保支架和基础的设计能够适应不同地质条件，最大程度地减少潜在的风险和不利影响。同时，地质调查还有助于制定环境保护措施，确保太阳电池站的建设和运营对周围生态系统的影响最小化。

地质调查通常需要由专业的地质工程师和地质学家进行，他们使用各种现代技术和工具，如地质勘探设备和地理信息系统（GIS），以获取准确且全面的地质信息。这些信息将为项目的成功和可持续性提供坚实的基础，确保太阳电池站能够安全高效地运行，并为可再生能源的发展做出贡献。因此，地质调查在太阳电池站项目中扮演着不可或缺的角色，对于实现清洁能源目标和减少碳排放具有重要意义。

二、土壤稳定性

太阳电池站的土壤稳定性评估是工程地质中的关键环节。这一评估是为了确保支架和基础能够稳固地支持太阳能电池组件，以及在面对外部力量，如风荷载和地震等时，能够保持其结构完整性。土壤稳定性评估涵盖了多个关键方面，包括土壤类型、土壤强度及土壤的荷载承受能力等。

地质工程师会对太阳能电池站选址地的土壤类型进行详细研究。不同类型的土壤具有不同的物理和力学特性，因此需要不同的工程设计和建设策略。常见的土壤类型包括沙土、壤土、黏土、砂岩等。通过了解土壤类型，工程师可以评估其特性，确定土壤的抗压强度、抗拉强度、抗剪强度等参数。

土壤的强度和荷载承受能力是土壤稳定性评估的关键指标。土壤的强度指的是土壤抵抗外部力量的能力，通常以单位面积上的最大荷载来表示。工程地质师通过进行场地试验和实验室测试来测定土壤的强度。这些测试可以包括压缩试验、拉伸试验、剪切试验等。通过了解土壤的强度特性，可以确定支架和基础的设计参数，确保其足以应对预期的荷载。

土壤的荷载承受能力是指土壤能够承受的最大荷载或压力，而不导致沉陷或破坏。工程地质师需要考虑太阳电池组件的重量、风荷载及地震等外部力量，来确定土壤的荷载承受能力是否足够。如果土壤的荷载承受能力不足，可能需要采取加强措施，如加固基础或使用桩基础等。

还需要考虑土壤的季节性变化和湿度。土壤的湿度变化可能会导致土壤膨胀和收缩，从而影响支架和基础的稳定性。因此，在土壤稳定性评估中，工程地质师需要分析土壤的湿度特性，以确定在不同湿度条件下土壤的力学行为。

土壤稳定性评估在太阳电池站项目中至关重要。通过深入了解土壤类型、强度特性、荷载承受能力和湿度变化等因素，工程地质师可以为支架和基础的设计提供有力的依据，确保太阳电池站的稳定性、安全性和可持续性。这样，清洁能源将能够更可靠地为社会提供可再生能源，并为减少碳排放作出贡献。

三、地震风险

地震是地质调查中不可忽视的重要因素，特别是对于位于地震活跃区域的太阳电池站项目。地震风险评估是确保电池站的长期可靠性和安全性的关键步骤。以下将详细探讨地震风险评估在太阳电池站项目中的应用。

地震风险评估的核心是确定特定地区的地震潜在性。地质工程师会收集地震历史数据、地震构造特征，以及地壳运动情况等信息，以评估地震的频率、强度和可能性。这些数据是制定抗震设计和结构强度要求的基础。通常，工程师会根据地区的地震活跃性分级，从而确定抗震措施的严格程度。

抗震设计是地震风险评估的重要部分。太阳电池站的支架和基础必须设计成能够抵抗地震力的结构。这包括选择合适的支架材料、增强连接点的强度及考虑地震时的动力响应等。一种常见的抗震设计策略是采用减震系统，如阻尼器或减震支架，来减少地震力对支架的影响。这些措施可以有效地降低地震引起的结构振动，从而保护太阳电池组件和电池站的完整性。

地震风险评估还需要考虑地震引发的次生风险。例如，地震可能导致土壤液化，从而影响支架和基础的稳定性。因此，工程地质师需要了解地震后可能发生的地质和土壤变化，以制定相应的风险管理计划。这可能包括加固基础、改进排水系统及采用其他地质工程措施来应对次生风险。

地震风险评估也需要定期审查和更新。地震活动和地质条件可能随时间而变化，因此电池站的抗震设计和结构强度要求需要定期重新评估。这可以通过监测地震活动、土壤条件和结构性能来实现。

地震风险评估在太阳电池站项目中至关重要。通过综合考虑地震潜在性、抗震设计、次生风险和定期检查等因素，可以确保电池站在地震发生时能够安全稳定地运行，为清洁能源的可持续发展提供保障。地质调查和地震风险评估是太阳电池站项目成功的关键步骤，也是确保项目可持续性的基础。

四、地下水位

地下水位是太阳电池站项目中需要特别关注的因素之一。它对于支架基础的设计和整个项目的长期稳定性都具有重要影响。以下将深入探讨地下水位对太阳电池站项目的影响和应对措施。

第一，地下水位的高低会直接影响到支架基础的设计。在高地下水位区域，支架基础可能需要采取不同的设计策略，以确保它们不会受到水的侵蚀。一种常见的做法是使用耐水材料来构建基础，以抵御水的腐蚀。这可以延长基础的使用寿命，并减少维护成本。

第二，地下水位的高低还可能导致基础沉降或不稳定性的问题。在高地下水位区域，地下水位的上升可能导致土壤变软，从而影响基础的稳定性。为了应对这种情况，可能需要采取土壤加固措施，如灌浆或土壤固化，以提高土壤的承载能力。此外，可以选择设计基础为桩基础，将支架的荷载传递到更深的土壤层，从而减轻由地下水引起的问题。

第三，高地下水位还可能导致基础下方的土壤中出现浸泡现象，这可能会对基础的稳定性产生不利影响。因此，在高地下水位区域，必须进行充分的水文地质调查，以了解地下水的流动性和变化情况。这可以帮助工程师更好地预测地下水位的变化，以及它对基础的潜在影响。

第四，对于太阳电池站项目，地下水位的管理也是环境保护的一部分。高地下水位可能导致水资源过度开采或地下水的浪费。因此，项目规划和设计需要考虑地下水的可持续管理，以确保不会对周围的生态系统和水资源造成不利影响。

总之，地下水位是太阳电池站项目中需要认真考虑的因素之一。通过合适的基础设计、土壤加固措施和水文地质勘探，可以应对高地下水位带来的挑战，确保支架基础的耐久性和可靠性，同时保护周围的环境和水资源。地下水位的管理和考虑是太阳电池站项目成功的重要组成部分，也是可持续发展的一部分。

五、地形分析

地形分析是太阳电池站项目中不可或缺的一环，它对项目的布局、支架设计，以及能源产出都有着深远的影响。以下将详细探讨地形分析在太阳电池站项目中的应用和重要性。

第一，地形分析对太阳电池站的选址至关重要。不同的地形特征，如山脉、河流及沟壑等，会直接影响到电池站的位置选择。通过合理分析地形，工程师可以确定最适宜建设电池站的地点。例如，在山脉地区，可以选择山坡上的适当位置，以便在不占用农田或其他用地的前提下，最大程度地利用阳光。这种选址决策有助于确保电池站能够充分利用太阳能资源，提高能源产出。

第二，地形分析也影响着支架的设计和布局。在不同地形条件下，支架的高度和角度可能需要进行调整，以确保太阳电池组件能够获得最佳的光照角度。例如，在山区地形中，可能需要选择可调节角度的支架，以应对山坡的倾斜度。这种支架设计的灵活性有助于最大化电池组件的能量产出，提高系统的效率。

第三，地形分析还可以帮助确定电池组件的放置方式。在不同地形条件下，电池组件的排列方式可能需要进行优化，以减少阴影效应并提高能源产出。通过综合考虑地形特征和电池组件的布局，可以有效减少能源损失，提高系统的整体性能。

第四，地形分析还对项目的环境影响产生重要影响。在河流或湖泊附近建设电池站时，需要考虑水资源保护和生态环境保护。地形分析可以帮助规划合适的措施，以减少项目对周围环境的不良影响，确保项目的可持续性。

综上所述，地形分析在太阳电池站项目中具有多重应用。它不仅影响选址决策、支架设计和电池组件布局，还对项目的环境保护和可持续性产生深远影响。因此，合理的地形分析是确保太阳能电池站项目成功的关键步骤之一，有助于充分利用太阳能资源，提高能源产出，同时最大程度地减少对环境的不良影响。

第二节　支架基础

支架基础是支持太阳电池组件的关键结构。以下是支架基础的关键方面。

一、基础类型

基础类型在太阳电池站项目中具有关键性的地位，因为它们直接影响了支架结构的稳定性和性能。以下将深入探讨不同基础类型的特点、适用性和工程要点，以帮助工程师在实际项目中做出明智的选择。

（一）混凝土基础

混凝土基础是一种常见且广泛使用的基础类型，其主要特点包括以下几点。

1. 承载能力强

混凝土基础非常坚固，能够承受太阳电池组件的重量及各种外部荷载，如风荷载和雪荷载。这使得混凝土基础在支持电池组件时非常可靠。

2. 耐久性高

混凝土基础通常具有卓越的耐久性，能够在几十年内保持稳定性。这确保了太阳电池站的长期运行和性能。

3. 适用性广泛

混凝土基础适用于各种不同类型的土壤条件，包括坚实的土壤、黏土、沙土等。这种通用性使其成为许多地理条件下的理想选择。

4. 施工相对简单

混凝土基础的施工过程相对简单，通常包括混凝土的浇筑、固化和养护。这使得施工相对容易管理，可减少施工中的不确定性。

混凝土基础由于其上述优势被广泛使用，但在选择混凝土基础时，需要考虑以下因素。

1. 成本

混凝土基础的建设成本相对较高，因为建设过程中需要消耗大量的混凝土和人力。在项目预算中，必须充分考虑这些成本因素。

2. 施工时间

混凝土基础的施工可能需要较长时间，这可能会对项目的进度产生一定的影响。因此，施工计划和时间表需要提前规划和调整。

3. 环境影响

混凝土的生产过程涉及到能源消耗和二氧化碳排放，这对环境有一定的影响。因此，在可持续性方面需要进行评估，并可以考虑采用环保型混凝土或减少混凝土使用量的方法来减轻影响。

（二）钢桩基础

钢桩基础是一种适用于松散土壤和沉积物的基础类型，其特点包括以下几点。

1. 适应性强

钢桩基础以其强适应性而著称。它可以根据具体的工程需求通过驱动或挖掘将钢桩深入土壤中，从而提供可靠的支持。这种适应性使得钢桩基础成为一种在各种土壤条件下均可行的解决方案。

2. 稳定性高

钢桩基础通常具有卓越的稳定性。由于其坚固的钢材结构，它们能够应对不稳定的土壤条件，如软土或松散的沉积物。这种稳定性保证了支架的可靠性，特别是在土壤承载能力较低的情况下。

3. 适用于高地下水位区域

高地下水位是一种常见的地质条件，可能对基础的稳定性构成威胁。钢桩基础在这些区域表现出色，因为它们可以深入土壤中，远离地下水位，从而防止基础受到水的侵蚀。这种特性对于确保基础的长期稳定性至关重要。

尽管钢桩基础具有许多优势，但在选择和设计时仍然需要考虑一些重要因素，包括以下几方面。

1. 材料选择

钢桩的材料选择至关重要。优质的钢材能够提供更高的耐腐蚀性，延长基础的寿命。

2. 基础深度

钢桩基础的深度应根据具体的土壤条件和工程需求进行计算。深度不足可能导致基础不稳定，而深度过大可能增加施工成本。

3. 施工工艺

钢桩基础的施工需要专业的施工团队和设备。施工过程应符合严格的质量控制标准，以确保基础的质量和稳定性。

总之，钢桩基础作为一种强大而可靠的支架基础类型，在特定的土壤条件下具有广泛的应用前景。它的适应性、稳定性和抗高地下水位能力使其成为处理复杂地质条件的理想选择。然而，在选择和设计时需要仔细考虑材料、深度和施工等因素，以确保基础的可靠性和耐久性。

（三）地螺基础

地螺基础是一种具有适应性和可持续性的基础类型，其特点如下。

1. 适应性强

地螺基础以其卓越的适应性而著称，适用于各种不同的土壤条件，包括沙土、黏土和岩石。这种适应性使得它成为一种灵活的基础选择，无论是在不同地理环境还是在复杂的地质条件下都能够胜任。

2. 施工便捷

地螺基础的施工相对便捷，通常不需要大规模的机械设备。相比于其他基础类型，它可以更快速地安装，有助于加快工程进度。

3. 可持续性

地螺基础通常使用再生材料制成，对环境的影响相对较小。这符合可持续建筑的原则，有助于减少项目的生态足迹。

但需要注意以下几方面。

1. 承载能力

地螺基础的承载能力可能较低，因此，工程师需要进行适当的设计和数量计算，以确保其能够承受电池组件的重量和外部荷载。这可能涉及使用更多的地螺基础来分散载荷。

2. 土壤类型

地螺基础的适用性与土壤类型密切相关。在选择时，需要对土壤进行详细的调查和分析，以确保它们能够提供足够的支持。不同类型的土壤可能需要不同长度和直径的地螺基础。

二、基础尺寸

基础尺寸的确定是太阳电池站支架设计中的一个关键步骤，它直接关系到支架的稳定性和可靠性。基础尺寸的计算需要综合考虑多个因素，确保支架能够在各种条件下安全地支持太阳电池组件。

在确定基础尺寸时必须考虑太阳电池组件的重量，包括太阳电池板、支架结构，以及任何其他组件。这是基础尺寸计算的起点，因为基础必须足够强大，以支撑这些重量。

此外，太阳电池站可能会面临风力和雪压等外部荷载。这些荷载的大小和方向需要在基础设计中考虑，以确保支架在风暴和大雪期间保持稳定。

不同类型的土壤具有不同的承载能力。工程师需要对现场的土壤进行详细的土壤勘测和测试，以了解土壤的承载特性。这将有助于确定基础的深度和尺寸。

基础类型（如混凝土基础、钢桩基础和地螺基础）也会影响基础尺寸的计算。不同类型的基础可能需要不同的形状和尺寸。

地下水位的高低会影响基础的深度。在高地下水位区域，基础需要深埋以防止水的侵蚀。因此，必须了解地下水位情况。

如果项目地处地震活跃区域，基础设计还必须考虑地震荷载。这可能需要增加基础的尺寸和强度。

项目所在地的环境因素，如气温、湿度和盐度，也可能影响基础的耐久性。特别是在海岸地区，盐度可能会对混凝土基础产生腐蚀作用。

基础尺寸的准确计算是工程师必须认真对待的任务，因为基础是支架的关键部分，直接关系到太阳电池站的安全性和稳定性。通常，工程师会采用结构工程的原理和计算方法，确保基础能够承载所有可能的荷载，从而确保电池站的长期运行。因此，精确和可靠的基础尺寸计算是项目成功的关键之一。

三、基础施工

基础施工是太阳电池站项目中至关重要的一环，直接关系到基础的质量和稳定性。基础的施工需要遵循一系列步骤和标准，以确保其符合设计要求，并能够可靠地支持太阳电池组件。

首先，施工团队需要准备施工现场。这包括清理和平整地面，以确保基础的建设能够在稳定的基础上进行。如果需要，可能需要进行土壤处理，以提高土壤的承载能力。

对于混凝土基础，施工人员需要按照设计要求准备混凝土，并确保混凝土浇筑过程中没有气泡或空洞。混凝土浇筑后，必须对其进行适当的养护，以确保混凝土强度达到设计强度要求。

对于钢桩基础，施工过程涉及将钢桩安装到土壤中。这通常需要使用特殊的挖掘或驱动设备，确保桩的深度和位置符合设计要求。安装后，需要对钢桩进行检查和测试，以确保其稳定性和承载能力。

地螺基础的安装相对较为简单。地螺通常由螺旋钢杆组成，可以手动或使用机械设备旋入土壤中。在安装过程中，需要确保地螺的深度和位置正确，并且能够牢固固定支架。

施工过程中的质量控制至关重要。工程师和监督人员需要密切监督施工进程，确保所有步骤都按照设计要求和标准执行。任何可能影响基础质量和稳定性的问题都必须及时解决。

此外，施工人员需要遵循安全标准，确保在施工过程中没有发生事故或伤害。这包括正确使用安全设备和工具，以及对施工人员进行安全培训。

总之，基础施工是太阳电池站项目中不容忽视的关键环节。通过严格遵守设计要求、标准和安全规定，可以确保基础的质量和可靠性，为太阳电池站的长期运行提供有力的支持。

四、基础维护

基础维护对于太阳电池站的可靠性和持久性至关重要。一旦基础建成，定期的维护和检查成为确保其稳定性和可靠性的不可或缺的步骤。以下是关于基础维护的以下一些关键考虑因素。

① 定期巡检：太阳电池站的基础应定期进行巡检，以检查是否存在

任何潜在问题。这些巡检应包括对基础表面和周围环境的视觉检查，以及使用必要的工具进行测量和检测。

② 磨损和损坏检查：维护人员需要仔细检查基础表面，寻找可能的磨损或损坏迹象。这可能包括混凝土的裂缝、钢桩的腐蚀或地螺的变形等。

③ 环境因素：特别需要关注恶劣天气条件对基础的影响。在风暴、洪水或大雪后，应立即检查基础，确保它们没有受到损害。高盐度地区的基础还需要额外的防腐保护，以减少海水对金属基础的侵蚀。

④ 修复和加固：如果发现任何损坏或问题，必须采取及时的修复措施。这可能包括填补混凝土裂缝、清理钢桩并进行涂层修复，或更换受损的地螺。

⑤ 预防性维护：除了修复已发生的问题外，还应进行预防性维护，以防止问题的发生。这可能包括对基础进行防腐处理、定期涂漆或涂层保护。

⑥ 记录和报告：所有维护活动都应记录并报告给相关的维护团队或管理部门。这有助于跟踪基础的状态和维护历史，以便及时采取必要的行动。

⑦ 培训和安全：维护人员需要接受适当的培训，以确保他们能够安全地执行维护任务。安全程序和措施应得到遵守，以防止事故发生。

总之，基础维护是太阳电池站项目中不可或缺的一部分，它有助于延长基础的寿命，确保电池站的长期可靠性和性能。通过定期巡检、及时的修复和预防性维护，可以降低维护成本并提高电池站的效率和可持续性。

综上所述，支架基础在太阳电池站项目中具有至关重要的作用。正确选择基础类型、合理计算基础尺寸、严格施工和定期维护都是确保支架基础稳定性和可靠性的关键步骤。支架基础的质量直接影响太阳电池站的性能和安全性，因此必须受到高度重视和关注。

第三节　支　架

太阳电池支架是支撑和安装太阳电池组件的结构，它必须设计和制造以承受各种环境条件和负载。以下是支架的关键方面。

一、材料选择

太阳电池支架的材料选择是一个至关重要的决策，因为它将直接影响支架的性能、可靠性和寿命。以下是有关材料选择的更详细信息，涵盖了耐候钢、铝和其他一些材料的优势和劣势。

（一）耐候钢

耐候钢是一种常见且广泛使用的支架材料，具有许多优点。首先，它具有出色的耐腐蚀性，能够抵御湿度、盐雾、紫外线辐射和温度变化等不利因素。这使得耐候钢成为在海岸地区或潮湿气候中部署太阳电池站的理想选择。此外，耐候钢还具有卓越的机械强度，能够承受太阳电池组件的重量，以及外部风荷载和雪荷载。它的耐久性使其成为长期投资的明智选择，因为它能够在多年内保持稳定性和性能。

（二）铝

铝支架是另一种常见的选择，具有其独特的优势。铝是一种轻量材料，适合需要减轻整个系统重量的项目。这使得铝支架在需要快速部署的情况下具有明显的优势，因为它们易于搬运和安装。尽管铝的耐腐蚀性不及耐候钢，但它仍然足够应对大多数气候条件。铝支架还备受环保组织的欢迎，因为铝是可循环利用的材料，有助于减少资源浪费。

（三）其他材料

除了上述两种常见的支架材料外，还有其他一些选择。例如，镀锌钢具有一定的耐腐蚀性，但可能需要更频繁的维护。复合材料通常轻量且具有良好的耐腐蚀性，但成本较高。这些材料可能在特定项目中具有优势，取决于具体的要求和约束。

在选择支架材料时，必须综合考虑多个因素，包括项目的气候条件、预算限制、重量要求和可持续性目标。工程师和项目管理人员应根据具体情况做出明智的选择，以确保太阳电池组件的长期可靠性和性能。不同材料具有不同的优势，因此需要根据项目的具体需求来权衡这些因素。

二、设计标准

支架的设计标准是确保太阳电池站系统的性能、安全性和可靠性的关键因素之一。以下是有关设计标准的详细信息，包括涵盖风荷载、雪荷载、地震风险和太阳电池组件重量与布局的考虑。

（一）风荷载

支架必须能够承受风荷载，这是在高风速环境中所面临的挑战。设计工程师需要根据所在地的气象数据，计算出最大可能的风力，并相应地设计支架的结构。这可能包括增加支架的强度、改进支撑结构以减小风的阻力，以及采用风洞测试等手段来验证设计的有效性。

（二）雪荷载

对于那些位于冷地区或高山地区的太阳电池站，雪荷载是一个重要的考虑因素。支架必须能够承受积雪的重量，以防止变形或损坏。设计工程师需要根据当地的降雪量和雪的密度来计算雪荷载，并相应地设计支架的结构。

（三）地震风险

如果太阳电池站位于地震活跃区域，地震风险就成为一个重要的设计考虑因素。支架必须设计为能够在地震发生时保持稳定的结构，以确保电池组件的安全性。工程师需要考虑地震力的作用，采用适当的抗震设计和结构强度来确保支架的稳定性。

（四）太阳电池组件的重量和布局

支架的设计必须考虑太阳电池组件的重量、尺寸和布局。这些因素将直接影响支架的承载能力和结构设计。工程师需要确保支架足够坚固，能够可靠地支持电池组件，并在不同季节和光照条件下保持最佳角度。

支架的设计标准通常基于国际或地方的建筑规范和工程标准，如国际建筑规范、美国土木工程师协会规范（ASCE 7）及欧洲规范（Eurocode）等。工程师需要在设计过程中遵循这些标准，以确保支架在各种环境条件下的安全性和性能。支架的结构分析和模拟测试也可能是设计的一部分，以验证其在设计荷载下的行为。只有在符合严格的设计标准和标准操作规程的情况下，支架才能够在长期运行中保持其性能和可靠性。

三、安装和调整

支架的安装和调整是太阳电池站项目中至关重要的步骤，它直接影响到整个系统的性能和能源产出。以下是有关安装和调整的详细信息，包括安装的重要性、正确安装的步骤及支架的调整。

（一）安装的重要性

支架的正确安装对太阳电池组件的性能和寿命至关重要。不正确的安装可能导致支架不稳定，进而影响太阳电池组件的输出。此外，安装质量差的支架可能会在恶劣天气条件下发生损坏，增加维修和更换的成本。

（二）正确安装的步骤

1. 地基准备

安装之前，必须确保支架的地基稳固。这可能需要进行土壤处理、填充或夯实工作，以确保支架的基础能够牢固地安装在地面上。

2. 基础安装

基础是支架的关键部分，它必须按照设计规范进行安装。混凝土基础需要浇筑并固化，而钢桩基础或地螺基础需要正确安装，以确保其牢固固定在地下。

3. 支架组装

支架的组装必须根据制造商提供的说明进行，确保所有零件正确连接。支架的结构必须符合设计要求，包括支柱、横梁和连接件等。

4. 定位和水平校准

支架必须准确定位和水平校准，以确保太阳电池组件能够在正确的方向和角度面对太阳。这通常涉及使用水平仪和测量工具来进行精确调整。

5. 电池组件安装

一旦支架就位，太阳电池组件可以安装到支架上。这个过程通常需要确保电池组件与支架正确连接，以防止移动或摇摆。

（三）支架的调整

支架通常具有可调节的部分，以便根据季节和光照条件调整太阳电池组件的角度。这个调整过程被称为季节性调整或跟踪。通过跟踪太阳的位置，支架可以确保电池组件始终处于最佳角度，最大程度地吸收太阳能，提高能源产出。这可以通过手动或自动跟踪系统来实现，具体取决于项目的预算和要求。

总之，支架的安装和调整是太阳电池站项目中的关键步骤，必须仔细执行，以确保系统的性能和可靠性。这需要专业的施工团队和工程师的紧密合作，以确保每个步骤都按照最高标准执行。

四、稳定性

支架的稳定性对于太阳电池站的长期运行至关重要。在面对各种外部力量时，支架必须能够保持稳定，以确保太阳电池组件的安全性和性能。以下是有关支架稳定性的详细信息，包括设计考虑因素和稳定性增强方法。

（一）设计考虑因素

1. 风力

风力是太阳电池站设计和运营中需要特别关注的外部因素之一。强风可以对支架和太阳电池组件产生巨大的力量，如果支架不稳定，可能会导致倾斜、损坏或崩溃。因此，在设计支架时，工程师必须考虑当地的风荷载，并采取相应的措施来增强支架的稳定性。这可能包括增加支架的结构强度、改进支柱的基础设计，以及采用抗风设计的结构元素，以减小风对支架的影响。

2. 雪压

在寒冷地区，积雪可能对太阳电池站产生显著的额外荷载。大雪堆积在太阳电池组件上可能会导致损坏或崩溃。因此，支架必须设计为能够承受雪压，并在需要时分散这些额外的荷载。这可以通过增强支架的结构强度和设计支架的形状以减小积雪堆积的影响来实现。

3. 地震

位于地震活跃区域的太阳电池站必须具备一定的抗震能力。地震可能引起支架的振动和变形，因此工程师必须进行地震风险评估，并相应地设计支架以抵御地震力。这包括采用抗震设计的结构元素，以减少地震引起的损坏风险。

4. 地形

地形特征如山脉、河流和沟壑也会对支架的稳定性产生影响。支架的布局必须考虑地形，以确保支柱的定位和支架的形状适应地势的变化。地形分析可以帮助工程师选择最佳的支架布局，以充分利用地形特征并确保支架的稳定性。

（二）稳定性增强方法

1. 支柱加固

为了增强支架的稳定性，一种常见的方法是增加支柱的数量或直径。通过增加支柱的数量，可以更均匀地分散荷载，减小每个支柱承受的压力，从而提高支架的稳定性。此外，增大支柱的直径可以增加支柱的抗弯和抗压能力，使其更能够承受外部力量的影响。这种方法通常在支架设计中考虑到了安全系数，以确保支柱具有足够的强度来应对不同的负载情况。

2. 增加截面积

为了提高支架的稳定性，可以增大支架主要结构部件的截面积，如横梁和支柱。增大截面积可以显著提高这些部件的抗弯和抗压能力，使其更能够承受外部荷载。这通常涉及到使用更大直径的钢材或增加材料的厚度。这种方法可以有效地增强支架的稳定性，特别是在面对大风、雪压等外部力量时。

3. 抗风设计

风力是太阳电池站面临的常见挑战之一。为了增强支架的稳定性，可以采用抗风设计措施。这包括改变支架的形状或增加支架的高度，以减少风力对支架的影响。例如，采用更低的轮廓设计可以减少风力的阻力，使支架更加稳定。此外，可以在支架的结构中加入空气动力学设计元素，以改善其在高风速条件下的性能。

4. 地震减震器

在地震活跃区域，支架必须具备一定的抗震能力。一种增强支架稳定性的方法是安装地震减震器。这些减震器可以在地震发生时减少支架的冲击和振动，从而降低地震对支架的破坏性影响。地震减震器通常采用弹簧、减震器及其他减震装置，通过吸收和分散地震能量来保护支架的完整性。

支架的稳定性是太阳电池站设计中不容忽视的关键因素。工程师需要综合考虑多种外部因素，并采取相应的设计和增强措施，以确保支架能够在各种条件下稳定支持太阳能电池组件，从而确保系统的长期可靠性和性能。

五、维护和清洁

维护和清洁是太阳电池支架管理的不可或缺的一部分。它们对确保支架和太阳电池组件的高效运行和长期可靠性至关重要。下面将详细探讨维护和清洁的重要性，以及执行这些任务的方法。

（一）维护的重要性

定期的维护是确保支架和太阳电池组件性能的关键因素之一。以下是维护的主要优势。

1. 延长寿命

定期的维护是确保太阳电池支架和组件长期可靠性的关键。支架和电池组件在户外环境中经受各种自然力量的影响，如紫外线辐射、温度变化、风、雨和湿度等。这些环境因素可能导致支架和组件的磨损和腐蚀，从而降低其寿命。通过定期维护，可以及时发现并处理这些问题，防止其进一步发展，从而延长支架和组件的使用寿命。例如，定期涂抹或涂覆防腐蚀剂可以保护支架免受锈蚀的影响，而定期清洁可以防止电池组件表面的积聚物降低其性能。

2. 性能优化

清洁太阳电池组件表面上的污垢和灰尘对于提高其性能至关重要。当污垢和灰尘堆积在电池组件上时，它们会减少光线穿透并被电池吸收的能力，从而降低能源产出。通过定期的清洁程序，可以确保电池组件的表面保持清洁，以最大程度地利用太阳能资源。这对于提高太阳电池组件的效率和性能至关重要，特别是在低光条件下，如阴天或清晨。

3. 减少故障率

维护有助于减少支架和太阳电池组件的故障率。在户外环境中，支架和组件可能受到外部力量的影响，如风力、雪压和地震。这些力量可能导致连接件、螺栓和结构的松动或磨损，从而增加了故障的风险。通过定期检查和维护，可以及时发现并解决这些问题，预防由于松动或磨损引起的故障。这有助于确保太阳电池站的稳定性和可靠性，降低了维修和修复的成本，减少了生产能源中断的情况。

（二）清洁的重要性

太阳电池组件的清洁是确保其高效工作的关键因素。以下是清洁的主要优势。

1. 提高效率

清洁太阳电池组件表面的最明显好处之一是提高能源产出的效率。当污垢、灰尘和其他污染物在组件表面积累时，它们会形成一层薄膜，阻碍太阳光线的穿透并被光伏电池吸收。这会导致能源产出下降，因为太阳电池无法充分利用可用的太阳辐射。通过定期清洁，可以去除这些障碍，恢复组件的原始性能，从而提高了电能的产出。

2. 减少热量

除了提高能源产出，清洁还有助于控制太阳电池组件的温度。污垢和灰尘在太阳电池组件上吸收太阳辐射，并导致组件表面升温。过热会降低光伏电池的效率，因为它们在高温下工作时电子流动受到限制。通过清洁，可以有效地去除吸热的障碍物，维持组件在适宜的工作温度范围内，从而提高其性能和寿命。

3. 减少腐蚀

在一些地区，如海岸地区或工业区域，太阳电池组件可能受到大气中的盐雾、酸雨和化学物质的侵蚀。这些腐蚀性物质可能损害组件表面的材料，缩短其使用寿命。通过定期清洁，可以去除这些腐蚀性物质，减少它们对组件的侵蚀，从而延长了组件的使用寿命。这对于确保投资的长期回报至关重要，因为太阳电池组件的寿命直接关系到项目的可持续性和经济性。

（三）维护和清洁的方法

1. 清洁表面

为了确保太阳电池组件的高效工作，定期清洁组件表面是至关重要的。在清洁过程中，应使用软刷、清水及非腐蚀性清洁剂，以确保彻底去除附着在组件表面的污垢和灰尘。在清洁时，需要特别小心，避免使用尖锐或硬物品，以防刮伤或损害组件表面。清洁后，太阳电池组件将能够更好地吸收阳光，从而提高能源产出的效率。这种维护措施可以延长组件的使用寿命，确保其长期可靠性。

2. 检查连接件

支架的连接件、螺栓和紧固件是支撑太阳电池组件的关键部分。为了维持支架的稳定性和性能，定期检查这些连接件是必要的。检查应包括检查它们是否松动或受损。如果发现问题，必须采取适当的措施，如紧固或更换受损的连接件，以确保支架的可靠性。这种定期检查和维护可以减少发生故障的风险，确保太阳电池组件持续高效运行。

3. 保持安全

在进行维护和清洁时，安全始终是至关重要的。工作人员必须遵循严格的安全操作规程，并使用适当的个人防护装备，如手套和护目镜。工作区域应清理并确保没有危险物品或障碍物。此外，维护人员应注意周围的环境，以防止意外事故的发生。通过保持安全，可以确保维护和清洁过程不会带来风险，同时维护人员的安全也得到保障。

4. 记录维护

记录维护和清洁的日期、细节和发现的问题是一个重要的步骤。这些记录可以帮助跟踪支架和太阳电池组件的性能变化，以及维护活动的历史。通过记录维护信息，可以识别潜在的趋势和问题，并计划未来的维护活动。这种记录也有助于维护团队更好地管理和维护整个太阳电池站，确保其长期可靠性和高效性能。

维护和清洁是确保太阳电池支架长期可靠性和性能的关键环节。通过定期的维护和清洁，可以最大程度地提高太阳电池组件的效率，延长支架的使用寿命，从而保障太阳电池站的长期投资价值。因此，项目管理团队应制定并严格执行维护计划，确保支架和太阳电池组件保持最佳状态。

第四节　沙漠电站用水

在沙漠地区建设太阳电池站需要考虑用水问题。以下是一些需要注意的方面。

一、冷却系统

冷却系统在沙漠地区的太阳电池站中扮演着至关重要的角色。这些系统的设计和运营对于确保太阳电池组件的高效工作至关重要。然而，与其他气候条件不同，沙漠地区通常具有高温和低湿度的特点，这意味着需要大量的冷却水来维持组件的温度。因此，在沙漠地区建设太阳电池站时，必须特别考虑用水问题。

（一）节约用水的策略

1. 干式冷却系统

干式冷却系统是一种高效的冷却技术，特别适用于沙漠地区。这种系统不涉及水的使用，而是利用自然通风或风力来散热。它的原理是通过使空气流过太阳电池组件，以带走热量，从而降低组件的温度。这种技术的优势在于不需要大量的水资源，因此非常适合水资源稀缺的沙漠环境。此外，干式冷却系统还可以减少蒸发损失，提高了水的利用效率。

2. 水资源管理计划

在沙漠地区，水是一种宝贵的资源，必须谨慎管理。建立水资源管理计划至关重要，以确保水的有效使用。这包括监控水的消耗，定期检查冷却系统的性能，以及寻找潜在的节水机会。通过使用水流量计和监测设备，可以实时跟踪用水情况，及时发现潜在问题。此外，对冷却系统进行定期维护和检查，确保没有漏水或浪费，也是水资源管理计划的一部分。

3. 冷却水回收

为了进一步减少用水量，可以考虑采用冷却水回收系统。这种系统通过建立循环系统，将用过的冷却水收集起来，进行净化和再利用。回收后的水可以用于再次循环，从而最大限度地减少水的浪费。这不仅有助于降低用水成本，还有助于缓解沙漠地区的水资源压力。

（二）冷却系统的关键作用

在沙漠地区，冷却系统不仅是为了提高太阳电池组件的效率，还是为了确保其正常运行和长期可靠性。高温会导致组件的温度升高，从而影响其性能。如果不及时冷却，组件可能会过热，降低其发电效率，最终可能损坏。

冷却系统通过将冷却水循环引导到电池组件周围，吸收热量并将其带走，有助于将温度维持在组件适宜工作的范围内。这不仅提高了组件的效率，还延长了其使用寿命。

此外，冷却系统还有助于降低组件的温度，减少了热量积聚。高温不仅影响电池的性能，还可能导致电池过早老化。因此，冷却系统在保护太阳电池组件免受高温影响方面起到了关键作用。

在沙漠地区建设太阳电池站需要综合考虑冷却系统的设计和用水问题。通过采取有效的节水策略和高效的冷却技术，可以确保太阳电池组件在高温环境下保持高效工作，同时降低用水量，提高系统的可持续性。这些策略有助于解决沙漠地区太阳电池站所面临的用水挑战，实现可持续的清洁能源发电。

二、清洁

（一）清洁系统的选择

在沙漠地区，沙尘和尘埃的积累速度较快，因此清洁太阳电池组件是必不可少的。为了减少对水的需求，可以采用高效的清洁系统。一种常见的选择是自动化清洁机器人，它们可以定期巡检并清洁太阳电池组件。这些机器人通常配备喷淋系统和刷子，可以高效地清除尘埃和污垢，而且水的使用量相对较少。此外，一些清洁系统还具有利用太阳电池供电的功能，以降低能源消耗。

（二）清洁时机的选择

为了最大限度地减少水的蒸发损失，清洁通常在夜间或较凉的时候进行。这有助于确保清洁水充分被吸收和利用，而不会在高温时蒸发掉。优选的清洁时机可能因地区和季节而异，因此需要在当地气候条件下进行精心计划。

（三）节水最佳实践

在进行清洁时，应遵循节水的最佳实践。这包括使用高压喷淋系统，以最小化水的流失，以及确保清洁过程尽可能迅速而高效。此外，定期检查和维护清洁系统，以确保其正常运行，防止漏水或浪费。

（四）水资源再循环

为了进一步减少用水量，可以考虑使用水资源再循环系统。这种系统可以将用过的清洁水进行收集、净化和再利用。通过建立循环系统，可以将水的使用量最小化，同时降低运营成本和环境影响。

清洁太阳电池组件是确保其高效工作和延长寿命的关键步骤。在沙漠地区这样的高尘埃环境下，采用高效的清洁系统、选择适当的清洁时机、遵循节水最佳实践，以及考虑水资源再循环系统都是重要的策略，有助于最大程度地减少用水量，同时确保太阳电池组件的性能和可靠性。

三、污水处理

在沙漠地区建设太阳电池站，废水处理是一项至关重要的环保和可持续性考虑因素。以下是更详细的讨论。

（一）废水产生

太阳电池站在正常运行过程中会产生废水，其中最主要的来源之一是冷却系统。这些冷却系统的作用是维持太阳电池组件的温度在合适的范围内，以确保其高效工作。然而，为了达到这一目标，这些系统通常需要大量的水资源，这在沙漠地区是一个具有挑战性的问题。

冷却系统的废水通常包含了多种成分，包括化学物质、污染物和矿物质。这些成分可能来自于太阳电池组件的材料、冷却介质及周围环境。其中，一些化学物质可能对环境具有潜在的危害性，因此必须得到妥善处理，以防止对生态系统和周围土壤造成不良影响。

在沙漠地区建设太阳电池站时，必须认真考虑废水的管理和处理。首先，需要对废水的组成进行详细的分析，以确定其中是否含有有害物质，以及这些物质的浓度水平。这一步骤是废水处理方案的基础，因为不同的污染物可能需要不同的处理方法。

（二）废水处理系统设计

废水处理系统的设计是确保废水得到妥善处理的关键一环，同时要符合当地法规和环保标准。这些系统通常包括多个处理阶段，每个阶段都旨在去除废水中的特定污染物，从而达到可接受的排放标准。

首先，物理处理阶段通常涉及沉淀和过滤。在这一阶段，废水通过沉淀池或过滤装置，以去除其中的固体颗粒和悬浮物质。这有助于净化废水，使其更容易进入后续的处理阶段。

其次，要经过化学处理阶段，其目的是中和、去除化学污染物。在这个过程中，化学试剂通常被引入废水中，与污染物发生化学反应，将其转化为不具有危害性的物质。这一阶段的设计需要根据废水中的具体化学成分进行调整。

最后，生物处理阶段使用微生物来降解有机物，将其分解为无害的废物。这一阶段通常需要一定的时间，以确保微生物对废水进行彻底的处理。

废水处理系统的设计还必须考虑如何处理产生的固体废物，如沉淀池中的沉积物。这些固体废物可能需要另行处理或处置，以防止对环境造成不利影响。

（三）水资源回收

在太阳电池站废水处理系统中，处理后的水资源可以进行有效的回收和再利用。这个过程对于在沙漠地区建设太阳电池站来说尤为重要，因为这些地区的水资源通常是有限的，必须进行精心管理以确保可持续性。回收水资源的过程通常包括以下步骤。

首先，处理后的水被收集到一个专门的储水池或储液器中，以备将来的再利用。这个储水设施必须具有足够的容量，以应对不同季节和用水需求的变化。

然后，回收水通常需要进一步的净化和处理，以确保其符合再利用的要求。这可能包括附加的过滤、消毒或化学处理步骤，以去除任何残留的污染物或微生物。

最后，回收水资源可以用于冷却系统、灌溉或其他工业用途。这种水资源回收不仅可以减少对地下水或自然水源的需求，还有助于节约水资源，降低运营成本，并减少对环境的影响。

（四）监测和维护

废水处理系统的监测和维护是确保其持续有效运行的关键。定期的水质检测和系统维护是必不可少的，以确保系统处于良好状态，并且水质符合环保法规和再利用要求。

水质检测通常包括对处理后的水样本进行分析，以确定其是否达到再利用或排放的标准。这些检测可以检测到废水中的各种污染物和化学成分，并帮助确定是否需要进一步的处理或调整。

系统维护包括定期检查和保养废水处理设备、管道和泵站。这有助于确保设备正常运行，预防潜在的故障和泄漏。任何发现的问题都应及早处理，以避免系统停工或损坏。

（五）环保影响评估

在建设太阳电池站之前，必须进行详尽的环保影响评估。这个过程旨在评估废水处理和排放对周围生态系统的潜在影响，以确保项目的可持续性和环保性。环保影响评估通常包括以下步骤。

首先，对太阳电池站的废水处理系统进行全面分析，包括废水的组成和排放量。这有助于确定废水对周围环境的潜在风险。

其次，评估废水排放对地下水、土壤和野生动植物的可能影响。这可能需要采集土壤和水样本，并进行生态学研究。

第三，采取适当的措施来减轻任何负面影响，例如，改进废水处理技术、采取环保措施及调整项目设计。这确保了项目的环保性，并有助于维护周围生态系统的健康和完整性。总之，废水处理对于在沙漠地区建设太阳电池站至关重要。通过科学设计和使用有效管理废水处理系统，可以最大程度地减少对水资源的消耗，同时确保环境可持续性和保护生态系统。这有助于太阳电池站的长期可持续性和环保性。

第五节　恶劣气候的应对

太阳电池站需要应对各种恶劣气候条件，如强风、高温、寒冷和大雨。以下是一些应对策略。

一、支架和基础设计

支架和基础设计在太阳电池站的建设中扮演着至关重要的角色。特别是在高温沙漠地区，这些设计方面需要特别关注，因为沙漠气候条件可能会给电池站的稳定性和持久性带来挑战。以下将详细讨论支架和基础设计的关键因素。

支架的设计必须能够承受极端气候条件下的负载。沙漠地区常常会面临强风和风暴的威胁，因此支架必须具备足够的抗风性能。这可以通过采用坚固的结构、强度高的连接点和稳固的支柱来实现。支架的耐风设计应当考虑到当地的最大风速及持续的风压，以确保电池组件在恶劣气象条件下仍能保持稳定。

除了抗风性能，支架还必须考虑雪荷载。在某些高山地区的沙漠地带，冬季可能会积雪，这会给支架带来额外的荷载。支架的设计必须考虑到最大雪深和雪的密度，以确保它们能够承受这些额外的荷载。

材料的选择对于支架的耐用性至关重要。通常，使用耐候钢或铝等具有良好抗腐蚀性能的材料来制造支架。这些材料可以抵御高温、紫外线辐射及沙漠气候对金属材料的侵蚀。此外，支架的结构强度和稳定性也取决于材料的质量和合适的选择。

在基础设计方面，确保支架稳固地固定在地面上是至关重要的。基础的类型和设计应根据地质条件和支架的重量来确定。一种常见的基础类型是混凝土基础，它可以提供足够的稳定性和抗风性能。此外，基础的深度和尺寸也应根据地面条件和当地风速来进行计算。

支架和基础的设计是太阳电池站建设中不容忽视的关键因素。在高温沙漠地区，抗风、抗雪和抗腐蚀性能尤为重要。通过正确选择材料、设计结构和合适的基础，可以确保电池站在极端气候条件下保持稳定，从而实现太阳能能源的可靠生产。

二、热管理

热管理在太阳电池站设计中是至关重要的因素，特别是在高温沙漠地区。高温天气可能会导致电池组件过热，从而降低其性能和寿命。因此，必须采取适当的措施来有效管理和控制温度。

一种常见的热管理系统是风冷系统。这种系统通过利用自然或人工通风来散热，将热量从电池组件中排出。在高温沙漠地区，尤其是白天温度很高的时候，这种系统可以帮助保持电池组件的工作温度在可接受范围内。风冷系统通常包括散热风扇和导风管道，将热空气引导到远离电池组件的地方，以促进散热。

此外，遮阳结构也可以用于热管理。在高温沙漠地区，阳光强烈，电池组件容易受到高温的影响。通过在电池组件上方安装遮阳板或遮阳帘，可以减少直射阳光的照射，从而降低电池组件的温度。这种方法可以降低电池组件的工作温度，提高其性能和效率。

另一种热管理方法是冷却液循环系统。这种系统使冷却液通过电池组件帮助其散热，然后将热液体传递到冷却装置中，将热量排出。这种方法通常用于大型太阳电池站，可以更有效地控制温度。但需要注意的是，冷却液循环系统需要定期维护和监测，以确保其正常运行。

此外，定时清洁电池组件也是热管理的一部分。在沙漠地区，沙尘和尘埃的积累可能会导致电池组件表面温度升高，从而影响其性能。定期清洁可以去除这些污垢，确保光线能够充分穿透并被电池吸收。

总之，高温沙漠地区的太阳电池站必须采取有效的热管理措施，以确保电池组件能够在极端气温条件下保持高效工作。风冷系统、遮阳结构、冷却液循环系统和定期清洁都是可以采取的方法，以降低温度、提高性能并延长电池组件的寿命。通过综合应用这些策略，可以实现太阳电池站在高温环境中的可靠运行。

三、抗腐蚀

抗腐蚀性是在高温沙漠地区建设太阳电池站时必须仔细考虑的关键因素之一。潮湿或盐碱环境可能会对电池和支架造成严重的腐蚀影响，因此采用合适的材料和防护措施是确保设备长期可靠运行的关键。

材料的选择对于抗腐蚀至关重要。在沙漠地区，建议使用耐腐蚀性能良好的材料，如不锈钢或镀锌钢，用于制造支架和其他电池站组件。不锈钢具有出色的抗腐蚀性，能够在潮湿和盐碱环境中长期保持稳定性，而镀锌钢在短期内也能提供一定的腐蚀保护。

对于支架和其他金属结构，可以采用防护涂层来增加其抗腐蚀性。这些涂层可以包括喷涂的油漆、环氧树脂涂层或其他特殊的腐蚀抑制剂。这些涂层可以在金属表面形成保护性层，防止腐蚀物质侵蚀金属。

定期维护和检查也是抗腐蚀的重要一环。工作人员应定期检查支架和设备的表面，以确保没有出现腐蚀迹象。如果发现任何腐蚀迹象，应及时采取措施进行修复，例如，修补涂层或更换受损部件。定期清洁也有助于防止污垢和盐分的积聚，从而减少腐蚀的风险。

在设计阶段应考虑周围环境的特点，以确定合适的抗腐蚀策略。不同地区的盐分浓度和气候条件可能会有所不同，因此需要根据具体情况制定适合的抗腐蚀计划。

通过选择合适的材料、使用防护涂层、定期维护和考虑周围环境的特点，可以确保设备在恶劣的气候条件下保持稳定性和可靠性，延长其使用寿命，提高投资回报率。

四、风险管理

风险管理在高温沙漠地区建设太阳电池站中占据至关重要的地位。恶劣的气象条件，尤其是强风，可能对设备和运营造成严重影响。因此，定期监测气象条件并采取适当的风险管理措施至关重要，以确保电池站的安全和可靠运行。

对气象条件进行定期监测是风险管理的第一步。在高温沙漠地区，强风可能在任何时候突然出现，因此需要使用气象传感器和监测系统实时追踪风速和风向。这些传感器通常会安装在太阳电池组件和支架附近，以提供准确的气象数据。

一旦监测到风速超过安全阈值，就需要采取相应的措施来减轻风险。其中一种常见的措施是调整太阳电池组件支架的角度，使其更加顺应风向或平行于风的方向，从而减少风对支架的冲击。此外，可以考虑停机，暂停电池组件的运行，以防止损坏或意外事故。

建议在设计阶段采用风险管理方法。工程师应根据当地的气象数据和历史风速信息来设计支架和基础，以确保其能够承受预期的风荷载。这可能涉及增加支柱的数量或直径，加强支架结构，或使用更强的材料。

培训和教育也是风险管理的一部分。工作人员应受过培训，了解如何在恶劣气象条件下采取适当的措施，以确保他们的安全和设备的保护。

总的来说，风险管理对于在高温沙漠地区建设太阳电池站至关重要。通过监测气象条件，采取风险管理措施，设计强大的支架和基础，并提供培训，可以确保电池站在恶劣气象条件下保持安全和可靠运行，减少潜在损失。

五、应急计划

在高温沙漠地区建设太阳电池站时，制定有效的应急计划是至关重要的，因为突发事件，如风暴、沙尘暴、洪水或其他自然灾害，可能随时发生。这些事件可能对设备和人员造成严重影响，因此必须采取适当的措施来保障安全、减少损失并最大程度地减少停工时间。

（一）风暴和沙尘暴

在高温沙漠地区，强烈的风暴和沙尘暴是常见的气象现象，它们可能对太阳电池站的正常运行造成严重影响。因此，制订应急计划来有效地应对这些突发情况至关重要。

1. 及时的气象监测

了解天气预报和气象数据对于提前预警风暴或沙尘暴的来临至关重要。太阳电池站应建立一个完善的气象监测系统，包括对风速、风向、降雨量和沙尘密度的实时监测。这些数据可以帮助管理团队及时预测并准备应对极端天气事件。

2. 设备安全措施

在强风或沙尘暴来临之际，采取适当的设备安全措施至关重要，以防止机械损害。这可能包括以下两点。① 锁定太阳电池组件：通过将太阳电池组件锁定在安全位置，例如，关闭地面架上的追踪系统，可以减少风力对其造成的影响，降低损坏的风险。② 防护覆盖：在风暴或沙尘暴预警期间，可以使用防护覆盖物覆盖太阳电池组件，以减少风沙侵蚀和尘埃积聚。

3. 清洁策略

沙尘暴后，太阳电池组件表面通常会覆盖有灰尘、沙粒和污垢，降低了光的透过率，影响能源产出。因此，应急计划应包括清洁策略，以迅速清理太阳电池组件。这可能需要使用高压水枪或自动化清洁机器人来清洁大规模的电池阵列，以确保其恢复到最佳工作状态。

4. 备用零部件的储备

在应急情况下，备用零部件的储备是确保设备及时维修和更换的关键。应急计划中应明确哪些关键零部件需要备份，并确保它们在需要时随时可用。这包括备用电缆、连接器、支架零件和清洁设备。

综上所述，高温沙漠地区的太阳电池站应急计划必须全面考虑，包括及时的气象监测、设备安全措施、清洁策略和备用零部件的储备。通过有效的应急计划，可以最大程度地减小突发天气事件对太阳电池站运营的影响，确保可持续的能源产出。

（二）洪水

洪水是高温沙漠地区太阳电池站面临的另一种潜在威胁，尽管这些地区的降雨通常较少，但突发的暴雨事件或其他因素仍可能导致洪水。因此，应急计划应包括应对潜在洪水风险的措施，具体如下。

1. 监测和预警系统

在高温沙漠地区建立有效的降雨监测和洪水预警系统至关重要。这些系统可以通过监测降雨量、河流水位和气象数据来提前发现潜在的洪水风险。一旦发现，必须迅速向工作人员发出警报，以便采取应急措施。

2. 设备和电缆线路的抗水措施

在洪水来临之际，必须采取措施来保护太阳电池组件、支架和电缆线路免受淹水影响。具体措施包括：① 提高电池组件和支架的高度，以避免被淹没；② 防水设备和电缆线路，以防水浸入设备内部，导致损坏或短路。

3. 疏散和救援计划

应急计划还应包括疏散和救援计划，以确保工作人员的安全。这可能需要明确的疏散路线、集结点和紧急联系信息。应急人员必须接受培训，知道如何应对洪水事件，包括自救和向当地救援机构报告。

4. 备用电源和通信

在洪水事件中，电力供应和通信可能会中断。因此，应急计划还应包括备用电源和通信设备，以确保能够维持与外界的联系，并在需要时提供电力支持。

5. 后续恢复计划

应急计划还应包括后续恢复计划，以便在洪水事件后迅速进行设备检查、维修和清理。这有助于尽快恢复太阳电池站的正常运行，最大程度地减小洪水事件对能源供应的中断。

（三）火灾

火灾是高温沙漠地区太阳电池站面临的严重威胁之一，尤其在干燥季节，易燃植被可能会加剧火灾风险。因此，应急计划应包括针对火灾风险的综合措施，具体如下。

1. 防火措施

① 定期清理和修剪周围的植被，确保植被与太阳电池站之间有足够的距离，以减少火势蔓延的可能性。

② 在太阳电池站周边建立防火带，清除可燃物质，如干草、枯木和杂草。

③ 针对火源进行控制和监督，禁止在太阳电池站附近点火或进行有火源的作业。

④ 培训工作人员，教育他们如何预防火灾，识别火险，并报告潜在火灾风险。

2. 灭火设备和培训

① 在太阳电池站内设立灭火器、消防水龙头和其他灭火设备，以便在火灾初期进行扑救。

② 为工作人员提供灭火培训，使他们能够迅速、有效地应对火灾。

③ 定期进行灭火演习，以确保工作人员了解如何正确使用灭火设备，并熟悉灭火流程。

3. 紧急疏散计划

① 制订详细的疏散计划，包括疏散路线、集结点和通信渠道，以确保工作人员安全撤离。

② 确保所有员工了解疏散计划，并进行定期演练。

③ 在紧急情况下，迅速启动疏散计划，确保每个人都能够安全撤离火源区域。

4. 通信和报警系统

① 部署可靠的通信系统，以便在火灾爆发时与应急服务和救援机构进行联系。

② 安装火灾报警系统，以便及早发现火源并触发应急响应。

（四）电力中断

电力中断是太阳电池站可能面临的一种紧急情况，而且在高温沙漠地区，电力供应的稳定性至关重要。为了应对电力中断，应急计划应包括以下关键因素。

1. 备用电源

在电力中断发生时，备用电源可以确保太阳电池站的关键设备继续运行。备用电源可以采用多种形式，包括发电机、蓄电池系统及其他可再生能源系统。这些备用电源需要定期维护和测试，以确保在需要时能够可靠运行。

2. 应对措施

应急计划应明确电力中断发生时工作人员需要采取的具体措施。这可能包括关闭不必要的设备以减少能源消耗、启动备用电源、通知电力供应商并跟踪电力中断的原因。工作人员需要接受培训，了解如何执行这些措施，并在电力中断时迅速做出反应。

3. 监控和通信

实时监控太阳电池站的电力产出和系统运行状况对于及时发现电力中断至关重要。此外，建立有效的通信系统，以便在电力中断发生时与维护团队、电力供应商和相关部门进行联系。应急计划应包括通信渠道和责任分工，以确保信息流畅。

4. 定期演练和评估

为了确保应急计划的有效性，定期演练和评估是必不可少的。演练可以帮助工作人员熟悉应对程序，识别潜在的改进点，并提高紧急情况下的反应速度。评估应急计划的结果可以用来调整和改进计划，以适应不断变化的情况。

总之，电力中断可能会对太阳电池站的运营产生重大影响，因此应急计划是确保设备继续运行的关键。通过备用电源、应对措施、监控和通信，以及定期演练和评估，太阳电池站可以更好地应对电力中断并保障其可持续运营。

第五章
高效晶硅太阳电池工作原理

第一节　太阳电池基础——半导体

一、半导体材料的特性

半导体材料在太阳电池中扮演着关键角色，其特性对太阳电池的性能有重要影响。半导体材料的主要特性包括能带结构、导电性和光吸收能力。太阳电池通常使用硅等半导体材料，因为硅具有适当的能带宽度，既能够吸收可见光又能够提供适度的导电性。了解半导体材料的特性对于太阳电池的设计和性能优化至关重要。

（一）能带结构

能带结构是半导体材料中电子能级的分布，对于研究太阳电池的工作原理至关重要。太阳电池的工作原理基于光电效应，而能带结构直接影响材料对光子的响应和载流子的产生。在半导体材料中，能带结构包括三个主要部分。

1. 价带

价带是电子能级的一部分，价带中的电子具有较低的能量，通常处于稳定的基态。在价带中，电子不具备足够的能量来参与导电。然而，当光子击中半导体材料时，如果光子的能量足够大，就会激发价带中的电子跃迁到导带，形成电子－空穴对。

2. 导带

导带是位于价带上方的另一个能带，其中电子具有较高的能量，可以自由移动并参与导电。当光子的能量大于能带隙（价带和导带之间的能量差）时，它们能够提供足够的能量，使价带中的电子跃迁到导带，从而在材料中形成电子－空穴对。这些电子和空穴的移动构成了电流。

3. 能带隙

能带隙是价带和导带之间的能量差，是半导体材料的一个重要参数。能带隙的大小直接影响了材料对不同能量光子的吸收能力。较小的能带隙使材料更容易吸收较低能量的光子，通常是可见光和红外光谱中的光子。而较大的能带隙则使材料更适合吸收高能量的光子，如紫外光。

在太阳电池中，半导体材料的能带结构设计非常关键。通常会选择具有适中能带隙的材料，以便吸收太阳光谱范围内的光子。硅是常用的太阳电池材料之一，因为它的能带隙适中，可吸收可见光，并在光子撞击下产生电子－空穴对。因此，对于太阳能电池的设计和性能优化，能带结构的理解和合适材料的选择至关重要。不同材料的能带结构也是太阳电池技术不断发展的关键领域之一，以提高效率和降低成本。

（二）导电性

导电性是半导体材料的一个关键属性，它在太阳电池中起着至关重要的作用。太阳电池的工作原理依赖于光子击中半导体材料，产生电子－空穴对，并通过导电载流子的移动来生成电流。以下是关于导电性在太阳电池中的重要性的更多详细信息。

1. 掺杂和载流子浓度控制

通过掺杂半导体材料，即向其引入杂质原子，可以控制半导体中的载流子浓度和类型。这是太阳电池中实现 P-N 结构的关键步骤。P 型半导体富含正电荷的空穴，而 N 型半导体富含负电荷的电子。在 P-N 结界面，光子击中材料时会产生电子－空穴对，其中电子和空穴分别向着 N 型和 P 型材料移动，从而产生电流。

2. 载流子的移动性

半导体材料中载流子的移动性也是导电性的一个重要方面。高移动性的载流子可以更有效地传输电荷，并提高太阳电池的电流输出。因此，选择具有良好载流子移动性的半导体材料是太阳电池设计中的考虑因素之一。

3. 材料选择

太阳电池的设计通常涉及选择适合的半导体材料，以匹配太阳光谱范围并实现高效的光电转换。一些常见的太阳电池材料包括硅、多晶硅及硒化镉等，它们具有不同的导电性质和能带结构。

4. 效率和性能

导电性直接影响太阳电池的性能和效率。高导电性可帮助提高电池的电流产生和电压输出，从而提高总的电能输出。因此，在太阳电池的设计和制造中，确保适当的掺杂和材料选择以实现所需的导电性非常重要。

总之，导电性是太阳电池中的关键要素之一，它影响着电池的性能、效率和电能输出。了解和控制导电性是太阳电池技术的核心之一，以实现更高效、可持续的太阳电力生成。

（三）光吸收能力

半导体材料的光吸收能力是太阳电池性能的决定因素之一。在太阳电池中，光吸收是将太阳转化为电能的关键步骤，因此对光吸收能力的理解和优化至关重要。以下是关于光吸收能力在太阳电池中的重要性，以及如何提高光吸收的详细信息。

1. 光吸收与电子激发

光吸收是太阳电池工作原理的关键步骤之一。当光子击中半导体材料时，它们能够提供足够的能量，使材料中的电子从价带跃迁到导带，形成电子－空穴对。这些电子－空穴对是光生载流子，它们的移动导致电流的产生，从而产生电能。

2. 光吸收谱范围

不同半导体材料对光的吸收谱范围有所不同。为了最大程度地利用太阳能，太阳电池的材料必须能够吸收太阳光谱范围内的光子。这包括可见光和红外光谱范围内的光子。因此，在太阳电池的设计中，选择合适的材料以匹配太阳光谱范围至关重要。

3. 光吸收的增强

为了提高光吸收能力，太阳电池通常采用一些增强措施。其中之一是多层结构，通过设计多个半导体层，每个层对不同波长的光子有不同的吸收效率，从而提高总的光吸收。此外，纳米结构或光子晶体也可用于增强光子与材料之间的相互作用，进一步提高光吸收效率。

4. 表面处理

表面处理是另一种提高光吸收的方法。通过在半导体材料的表面加盖特殊的纳米结构、镀膜或纳米颗粒，可以增加光子的散射和反射，使更多的光子被吸收并进入材料内部。

5. 性能和效率

光吸收能力的提高直接影响太阳电池的性能和效率。更高的光吸收效率意味着更多的太阳能被转化为电能，从而提高了电池的总能源产出。

总之，光吸收能力是太阳电池中至关重要的因素之一，对太阳电池的性能和效率产生深远影响。通过选择合适的材料、采取增强措施和进行表面处理，可以提高光吸收效率，从而实现更高效、可持续的太阳能电力生成。

二、光电效应

光电效应是太阳电池中的核心原理，它是将太阳光能转化为电能的基础过程。在太阳电池中，半导体材料的光电效应如下。

（一）光子吸收

光子吸收是太阳电池工作的核心过程之一。它涉及太阳电池中的半导体材料如何与太阳光互动，并将光子能量转化为电能。理解这一过程对于理解太阳电池的设计和性能至关重要。

太阳光是由许多不同波长的光子组成的，覆盖了可见光和部分红外光谱范围。不同波长的光子具有不同的能量。当太阳光照射到太阳电池的表面时，光子与半导体材料的原子相互作用。关键的因素是光子的能量必须大于等于半导体的带隙能量，否则光子将不足以激发电子跃迁到导带，从而无法产生电流。

半导体材料对不同波长的光子具有不同的吸收特性，这是为什么在太阳电池的设计中选择合适的半导体材料非常重要。一些半导体材料对可见光具有较高的吸收率，而对红外光谱范围内的光子则吸收较差。其他材料可能对红外光具有更高的吸收率。因此，太阳电池的材料选择需要平衡不同波长的光子吸收效率。

太阳电池的性能和效率受到光子吸收效率的直接影响。通过优化半导体材料的选择和结构设计，可以提高吸收光子的效率，从而提高电池的性能和能源产出。此外，太阳光的强度和角度也会影响光子吸收的效率，这需要在太阳电池的安装和定位中进行考虑。

（二）电子激发

电子激发是光子吸收后的下一个关键步骤。一旦光子被吸收，它们传递了足够的能量，使半导体中的电子发生跃迁，从价带跃迁到导带。这个跃迁将电子的能量提高到一个更高的状态，使它们能够在半导体中自由移动。这一过程被称为电子激发。

在未激发状态下，电子位于价带中，处于较低的能量状态。然而，通过光子的作用，它们获得了足够的能量，足以使它们从价带中跃迁到导带，这个状态具有更高的能量。电子在导带中的高能态状态使它们能够自由移动，形成电流。

电子激发是光电效应的核心，因为它是电流的产生步骤。在太阳电池中，电子激发产生的电流被导出并用于实际应用。因此，光子吸收和电子激发是太阳电池将太阳光转化为电能的关键步骤之一。提高这些过程的效率对于改善太阳电池的性能和效率至关重要。在优化太阳电池的设计时，需要考虑如何最大程度地提高光子吸收和电子激发效率。这可能包括选择合适的半导体材料、优化材料的结构、改进光线捕获技术等。通过不断改进这些过程，太阳电池可以更有效地将太阳能转化为电能。

（三）电子–空穴对生成

电子–空穴对生成是太阳电池工作的关键步骤。一旦光子击中半导体材料并激发电子，这个过程会留下在价带中的位置，形成了一个空穴。这个空穴带有正电荷，因为一个电子已经离开了价带，但没有填补它的位置。这样，一个电子和一个空穴一起形成了一个电子–空穴对。

电子–空穴对的生成是光电效应的结果，它是电流的产生起点。这些电子–空穴对在半导体材料中可以自由移动，因为它们具有电荷，并且受到外部电场的影响。这个电子–空穴对的运动导致电流的形成，因为它们沿着电场方向移动，这就是太阳电池所产生的电流。

（四）电子迁移

电子–空穴对生成后，电子和空穴会在半导体中分别移动。电子会流向半导体的导带，而空穴会流向半导体的价带。这个载流子的移动过程是电流的来源，因为它们在半导体中移动时带有电荷，从而导致电流的产生。

电子和空穴的移动性是太阳电池性能的一个关键因素。高移动性的载流子可以更迅速地移动，减少了电子和空穴的复合，从而提高了电池的效率。因此，在太阳电池设计中，选择具有良好电子和空穴移动性的半导体材料至关重要。

（五）外部电路

为了有效地捕获和利用电流，太阳电池需要引导电子－空穴对到外部电路中，通常是通过电极。这使得电流可以被外部电路收集、存储和传输，以供实际应用使用。外部电路可以将太阳电池生成的直流电流转化为交流电流，以满足不同应用的需求。

外部电路还包括连接太阳电池组件的导线和连接到电网或电池存储系统的设备。这些电路和设备起到了关键的角色，以确保太阳电池的电能可以用于供电、储存和分配到各种用途，如家庭用电、工业应用和电动汽车充电。

在太阳电池系统的设计中，外部电路的选择和优化对于提高整个系统的效率和可靠性至关重要。这包括合适的电线、逆变器、电池存储系统和监控设备等，以确保太阳电池能够最大程度地利用太阳资源并满足电力需求。通过合理设计和优化外部电路，太阳电池可以成为可持续和可靠的解决能源问题的方案。

三、P-N 结构

P-N 结构在太阳电池中的应用是至关重要的，因为它是实现光电效应和电流产生的关键。以下是对 P-N 结构的进一步研究。

（一）光生电子和空穴分离

P-N 结构在太阳电池中的一个主要功能是有效地分离光生电子和空穴。这个过程是太阳电池实现光电效应的关键。当太阳光中的光子撞击半导体材料时，它们传递了足够的能量，使原本处于价带中的电子跃迁到导带中，从而产生电子－空穴对。这一过程需要光子的能量大于等于半导体的带隙能量。带隙是价带和导带之间的能量差异，通常以电子伏特（eV）为单位。

在 P-N 结构中，这些电子－空穴对在带隙的作用下被分离开来。电子受带隙的作用，流向 N 型半导体，而空穴则流向 P 型半导体。这种分离是电流产生的第一步，因为电子和空穴带有电荷，它们的移动将导致电流的产生。

分离的有效性直接影响太阳电池的性能。如果电子和空穴无法迅速分离并被收集，它们可能会重新结合，从而降低电池的效率。因此，P-N 结构在太阳电池中的应用是为了确保高效的载流子分离，从而最大化电流的产生。

（二）内建电场

内建电场是 P-N 结构中一个重要的特征，由于 P 型半导体和 N 型半导体之间的电荷差异所产生。这个内建电场在电子和空穴的分离过程中发挥了关键作用。当光子激发电子和空穴时，内建电场将它们分别推向 P 型和 N 型半导体的方向，从而促使它们迅速流向适当的区域。

内建电场的作用是加速电子和空穴的分离。由于电子和空穴带有相反的电荷，内建电场会将它们分别引导到 P-N 结界面。这种引导作用有助于确保光生电子和空穴被有效地分离，避免它们重新结合。因此，内建电场提高了光生载流子的分离效率，有助于提高电池的效率。

此外，内建电场还有助于电子和空穴的运输，推动它们流向电池的电极，进一步提高电流的产生。这种内建电场是 P-N 结构的一个关键优势，它在太阳电池的工作中发挥了至关重要的作用。

综上所述，P-N 结构中的光生电子和空穴分离，以及内建电场的存在是太阳电池工作的重要机制。它们协同作用，确保光生电子和空穴被高效地分离和引导，从而最大程度地提高太阳电池的性能和效率。对 P-N 结构的深入理解和优化将继续推动太阳电池技术的发展，从而为清洁能源的应用提供更多可能性。

（三）光生电子和空穴的漂移

一旦电子和空穴在 P-N 结构中被分离，它们开始在各自的半导体区域中漂移。这个漂移过程是电流生成的关键，因为电子和空穴的移动会形成电流。漂移涉及电子和空穴在半导体晶格中的移动，受到内建电场的影响。

内建电场在 P-N 结构中由于电荷差异而存在。这个电场是由 P 型半导体中带正电的空穴和 N 型半导体中的负电子所产生，它会加速电子和空穴的移动，将它们引导到结界附近。这个漂移过程有助于确保光生电子和空穴迅速而有序地移动，从而避免它们重新结合，最大程度地促进电流的产生。

电子和空穴的漂移将它们引导到太阳电池中的电极，通常是金属导线。在这里，它们将被收集，从而形成输出电流。这个电流可以用于供电各种应用，从小型电子设备到大型电力网络均有所应用。因此，漂移过程是太阳电池将太阳光转化为电能的关键步骤。

（四）增强光伏效率

P-N 结构的使用在提高太阳电池的光伏效率方面发挥了关键作用。通过高效地分离光生电子和空穴，将它们引导到外部电路中，可以最大程度地捕获太阳光的能量。这有助于提高电池的性能和产能，使太阳电池成为一种可持续的清洁能源技术。

P-N 结构中的内建电场有助于加速载流子的分离和漂移，促进电流的产生。这提高了电池的效率，因为更多的光生电子和空穴被捕获和利用，而不会重新结合而失去能量。因此，太阳电池的输出电流增加，从而提高了电池的总输出功率。

此外，P-N 结构还可以用于多层结构太阳电池，通过在不同材料之间创建多个 P-N 界面，进一步提高光伏效率。这些多层结构有助于最大化光的吸收，并提高电池的性能。

（五）P-N 结构的材料选择

P-N 结构的材料选择是太阳电池设计中至关重要的一环。不同的半导体材料对于光子吸收和载流子移动性有着明显的影响，因此，选择适当的 P 型和 N 型半导体材料对于确保 P-N 结构的高效工作至关重要。

P-N 结构的性能受到以下方面的材料选择的影响。

1. 带隙能量

P 型和 N 型半导体材料的带隙能量必须匹配，以便光子能够有效地激发电子 – 空穴对的生成。如果带隙能量差异太大，光子可能不足以引起电子跃迁，从而降低了电池的吸收效率。

2. 吸收特性

不同的半导体材料对于不同波长的光子具有不同的吸收特性。因此，选择材料应该考虑太阳光谱的特点，以最大程度地吸收可见光和红外光谱范围内的光子。

3. 载流子迁移性

半导体材料的载流子迁移性是指电子和空穴在材料中移动的速度。高迁移性的载流子可以更有效地传输电荷，提高电池的电流输出。因此，在选择 P 型和 N 型材料时，需要考虑其载流子迁移性，以确保高效的电荷分离和电流生成。

4. 材料稳定性

太阳电池需要在不断暴露于太阳辐射和各种环境条件下工作。因此，选择的半导体材料必须具有足够的稳定性，以防止材料的退化或损坏。稳定性也包括材料的耐久性和长期性能。

5. 成本和可用性

最后，成本和可用性也是材料选择的因素。一些半导体材料可能更昂贵，而另一些则更易获取。因此，在选择 P 型和 N 型材料时，需要考虑其经济性和可持续性。

总之，P-N 结构是太阳电池的核心组件之一，它在将太阳光转化为电能的过程中发挥了重要作用。通过充分理解和优化 P-N 结构，可以提高太阳电池的性能和效率，从而推动清洁能源的发展和应用。

第二节 高效晶硅太阳电池工作原理及性能

一、多晶硅与单晶硅

（一）多晶硅

多晶硅是一种半导体材料，其晶体结构由多个小晶粒组成，这些晶粒在生长过程中汇聚在一起形成大块材料。每个小晶粒的晶格方向可能略有不同，因此多晶硅的结构相对不规则，其中包括晶界（晶粒之间的边界）和晶格缺陷。这些晶格缺陷通常包括点缺陷、线缺陷和位错，它们在多晶硅中引入了额外的电子能级，这些电子能级可能在能带结构中形成能量陷阱。

多晶硅材料的制备相对简单，通常通过从液态硅中生长出块状晶体，然后将其切割成薄片来制造太阳电池。由于其相对较低的生产成本，多晶硅太阳电池成为市场上最常见的类型之一。然而，由于晶格缺陷和能级陷阱的存在，多晶硅的光伏效率相对较低。

（二）单晶硅

单晶硅是一种高纯度的半导体材料，其晶体结构是完整的单一晶体。这意味着它的晶格方向一致，几乎没有晶界或晶格缺陷。单晶硅的晶格结构更完美，因此电子－空穴对在其中移动时受到较少的障碍，因而其具有更高的光伏效率。

单晶硅的制备相对复杂和昂贵，通常需要从单一的硅晶体中拉出长的硅棒，然后切割成薄片以制造太阳电池。这个制备过程要求高度纯净的原始硅材料，并且需要更多的时间和资源。然而，由于其较高的光伏效率，单晶硅太阳电池通常用于需要更高性能的应用，如高端市场。

二、光伏效率

光伏效率，或称光电转换效率，是评估太阳电池性能的关键指标。它代表了太阳电池将入射的太阳光转化为电能的效率，通常以百分比的形式表示。光伏效率的提高对于太阳电池的可持续性和应用非常重要，因为它直接影响电池的性能、效能和成本效益。

太阳电池的基本工作原理涉及将光子能量转化为电子能量，进而产生电流。这个过程包括多个步骤，其中光伏效率是其中一个重要环节，影响着电池的总性能。以下是关于光伏效率的更详细信息。

（一）光伏效率的计算

光伏效率通常通过将太阳电池产生的电能与入射到电池表面的太阳能之间的比率进行计算得出。这可以使用以下的标准公式表示。

$$\text{光伏效率}=\frac{\text{电池产生的电能}}{\text{入射到电池的太阳能}}\times 100\%$$

在这个公式中，电池产生的电能通常以瓦特（W）为单位来衡量，而入射到电池表面的太阳能通常以瓦特时（Wh）或焦耳（J）来衡量。

（二）影响光伏效率的因素

太阳电池的光伏效率受多种因素的影响，其中一些主要因素如下。

1. 半导体材料类型

半导体材料类型对太阳电池的光伏效率产生了重要影响。多晶硅、单晶硅、多结太阳电池、有机太阳电池和钙钛矿太阳电池是常见的半导体材料类型，它们各自具有不同的性能和特点。

多晶硅是一种常见的太阳电池材料。它的制备相对简单，因为它由多个小晶粒组成，这些晶粒可以在较低温度下生长。然而，多晶硅的晶格缺陷和晶界引入了额外的电子能级，限制了其光伏效率。通常情况下，多晶硅太阳电池的效率较低，但成本也较低。

单晶硅是高纯度的硅材料，具有完整的单一晶体结构。这意味着单晶硅几乎没有晶格缺陷和晶界，电子–空穴对在其中移动时受到较少的障碍。单晶硅太阳电池通常具有更高的光伏效率，但其制备过程相对复杂和昂贵。

多结太阳电池是一种高效太阳电池技术，它结合了不同材料的多个薄层，以提高效率。每个薄层可以专门吸收特定波长范围的光子，从而提高光伏效率。这种技术通常用于高性能太阳电池，如高倍率太阳电池。

有机太阳电池使用有机半导体材料，通常以柔性基材料为基础。这种太阳电池具有轻量、低成本和柔性等特点，但其光伏效率通常较低。有机太阳电池的研究重点在于提高其效率并扩展其应用领域。

钙钛矿太阳电池是新兴的太阳电池技术，具有高效率和相对低成本。这种太阳电池使用钙钛矿材料，如氧化钙钛矿作为光吸收层。钙钛矿太阳电池的研究和开发正在积极进行，以提高其稳定性和商业可行性。

总之，半导体材料类型在太阳电池领域起到关键作用，不同类型的材料适用于不同的应用和性能需求。科学家和工程师在材料选择和太阳电池设计中需要综合考虑各种因素，以实现最佳的光伏效率。

2. 光谱匹配

太阳光包括多个波长范围的光子，从紫外线到可见光再到红外线。太阳能电池的光伏效率通常依赖于其对不同波长光子的吸收能力。这意味着选择适合太阳光谱的半导体材料非常重要。不同类型的材料对不同波长的光子具有不同的吸收特性，因此材料的选择对太阳电池性能至关重要。

3. 能带结构

电池的能带结构对于光子的吸收和电子–空穴对的生成起着关键作用。能带结构决定了光子的能量与电子从价带跃迁到导带所需的最小能量。合适的带隙能量是确保光子能够激发电子，从而形成电流的关键。

4. 电池设计和结构

电池的物理结构和设计也会影响光伏效率。例如，反射镜、抗反射涂层和光线导向结构可以提高入射光线的吸收和电子的收集效率。这些设计元素有助于提高光子与半导体材料的相互作用，从而增强电池的性能。

5. 温度

太阳电池在高温下的效率通常较低。高温会降低电子和空穴的迁移率，从而减少电池的性能。因此，保持适宜的工作温度对于维持高效率至关重要。通常需要利用冷却系统控制电池的温度，以确保其在高温环境下能够保持高效率。

6. 电池质量和制造过程

电池的质量、制造工艺和质量控制也会影响光伏效率。精确的制造过程可以减少晶格缺陷、提高材料的纯度，以及确保电子能够自由迁移，从而提高电池的性能。高质量的材料和制造工艺通常会导致更高的光伏效率。

（三）提高光伏效率的方法

为了提高光伏效率，科研人员和工程师采取了多种方法，包括以下几种。

1. 材料研究

材料研究是提高光伏效率的关键领域。科研人员不断寻找新的半导体材料，以替代传统的硅材料。这些新材料具有更广泛的吸收光谱范围，因此可以捕获更多太阳光的能量。例如，钙钛矿太阳电池采用了新型的有机–无机杂化钙钛矿材料，具有出色的光伏性能。此外，有机太阳电池采用有机半导体材料，这些材料具有可调的吸收特性，可以有效地捕获光子能量。

2. 光谱匹配

光谱匹配是一项重要的工程工作，旨在最大化太阳电池对太阳光谱的吸收。多层结构、光子晶体和纳米结构等技术用于增强光子与半导体材料之间的相互作用。例如，光子晶体可以调制光的传播速度，以增加光子在材料中的停留时间，从而提高吸收率。此外，纳米结构可以通过增加材料表面积，增强光子的吸收。这些技术的应用有望提高光伏效率，使其更接近热光效率极限。

3. 能带结构优化

能带结构的精确控制对于光伏效率至关重要。科研人员通过调整半导体材料的能带结构，使其与太阳光谱相匹配。这意味着电子－空穴对在光子吸收后更容易产生，从而提高效率。能带结构的优化还可以减少电子和空穴在材料中的复合率，从而增加电子－空穴对的寿命，有利于更多的电荷分离并参与电流产生。

4. 电池设计和工程

电池的设计和工程方面的创新是为了提高光伏效率至关重要。一种常见的方法是添加反射层，这些反射层位于电池表面，可以将未被吸收的光线反射回半导体材料，从而提高光子的吸收效率。透明电极也是一项关键技术，它允许更多的光子进入电池内部，而不受电极遮挡。此外，背部反射器用于捕获从电池背面反射的光线，再次提高光子的吸收。这些工程改进有助于确保电池充分利用入射光线，最大程度地提高光伏效率。

5. 温度管理

温度管理对于维持电池的高效工作至关重要。高温会降低电子和空穴的迁移率，从而降低电池性能。为了减少温度效应对效率的负面影响，开发了高效的冷却系统。这些系统可以散热并维持电池在适宜的工作温度范围内。通过运用冷却系统，太阳电池可以在高温环境下保持较高的性能，提高其可靠性和稳定性。

6. 新技术的采用

太阳电池领域不断涌现出新技术，其中一些技术在材料和工艺方面具有创新性，有望提高光伏效率。例如，钙钛矿太阳电池是一种新兴技术，它采用钙钛矿材料，具有卓越的吸收特性和较高的效率。有机太阳电池是另一种新技术，使用有机半导体材料，其光伏性能在柔性和可打印电子方面具有广泛应用前景。通过采纳这些新技术，可以提高光伏效率并推动太阳电池的创新发展。

7. 质量控制和制造优化

为了确保电池在大规模生产中具有一致的性能和效率，质量控制和制造优化是必不可少的。通过实施严格的质量控制标准和优化生产工艺，可以减少晶格缺陷和其他制造缺陷，提高电子的迁移性。这有助于确保生产的每个太阳电池都能发挥最佳性能，同时降低成本并提高可靠性。

（四）光伏效率的重要性

光伏效率是太阳电池技术的关键性能指标，它对太阳电池的可持续性和市场应用起着至关重要的作用。太阳电池的主要任务是将太阳辐射中的光子转化为电能，从而提供清洁、可再生的能源来源。提高光伏效率有助于实现更高的能源产出，减少能源系统的占地面积，降低总体成本，同时为可再生能源行业的可持续增长做出了贡献。

太阳电池是一种利用光子和半导体材料之间的相互作用将光能转化为电能的设备。当太阳光照射到太阳电池上时，光子被吸收并激发半导体材料中的电子，从而形成电子－空穴对。这些电子－空穴对会在半导体中移动，最终形成电流，通过外部电路提供电力。光伏效率是指太阳电池将入射太阳光转化为电能的效率，通常以百分比表示。光伏效率越高，太阳电池单位面积的能源产出就越多，这对太阳能系统的性能和经济可行性至关重要。

影响太阳电池的光伏效率的因素有很多。首先，半导体材料的选择对效率至关重要。不同类型的半导体材料对各种波长的光子具有不同的吸收特性。因此，选择适合太阳光谱的半导体材料非常关键。多晶硅、单晶硅、多结太阳电池、钙钛矿太阳电池和有机太阳电池等各种半导体材料都在不断研究和开发，以提高吸收特性和电子迁移性。

光谱匹配也是影响光伏效率的重要因素。太阳光包括多个波长范围的光子，而太阳电池的效率通常取决于其对不同波长光子的吸收能力。

因此，开发多层结构、光子晶体和纳米结构等技术，以增加光子与半导体材料之间的相互作用，提高光子吸收率，是提高光伏效率的一种关键方法。

此外，太阳电池的能带结构对光子的吸收和电子–空穴对的生成起着关键作用。能带结构决定了光子能量与电子从价带跃迁到导带所需的最小能量。通过精确控制电池的能带结构，可以最大程度地匹配太阳光谱，确保高效率的电子–空穴对生成。

在电池的设计和工程方面，也采取了多种创新方法以提高光伏效率，如添加反射层、透明电极和背部反射器等元件。这些改进可以增强光子的吸收和电子的有效收集，从而提高电池性能。另外，温度管理也是提高光伏效率的关键因素。高温会降低电子和空穴的迁移率，从而降低电池性能。因此，开发高效的冷却系统以确保电池在适宜的工作温度范围内运行是非常重要的。

新技术的采用也对提高光伏效率起到了积极作用。例如，钙钛矿太阳电池和有机太阳电池是一些新兴技术，它们采用创新的材料和工艺，有望提高光伏效率。这些新技术为太阳电池领域的发展带来了更多的可能性。

质量控制和制造优化对于确保太阳电池在大规模生产中具有一致的性能和效率非常重要。精确的制造过程可以减少晶格缺陷，提高电子的迁移性，从而提高太阳电池的效率。质量控制的实施可以确保每个生产批次都具有一致的性能，减少性能差异，提高生产效率，降低成本，从而更好地满足市场需求。

光伏效率的提高对于太阳电池技术的可持续性和市场应用至关重要。高效的太阳电池可以在相对较小的面积内捕获更多的太阳能，这意味着更高的能源产出。这对于太阳能系统的成本效益和实际应用非常关键。高效的太阳电池可以更好地适应不同的应用，包括住宅和商业太阳能系统、便携式充电器、电动车和航空航天应用。提高光伏效率还可以减少太阳电池系统的总体成本，因为需要更少的电池面积来达到相同的能源产出。

光伏效率的不断提高为清洁能源的未来作出了巨大的贡献。太阳电池技术的发展推动了可再生能源的应用，减少了对传统能源的依赖，有助于减轻对环境的不利影响。随着科学家和工程师不断研究和创新，未来有望看到更高效的太阳电池系统，为清洁能源的可持续发展提供更多可能性。太阳电池将继续在能源生产中扮演重要角色，为社会的可持续发展作出贡献。

三、温度效应

高温对太阳电池性能的影响是太阳能领域中一个关键的问题，因为它可以显著降低太阳电池的效率。在这里，将深入探讨温度效应对太阳电池的影响及应对措施。

太阳电池是一种将太阳光转化为电能的设备，它们在日常生活中的广泛应用中起着至关重要的作用，包括供电家庭、商业建筑、电动车辆等。然而，太阳电池的性能受多种因素影响，其中之一就是温度。

太阳电池的工作原理是基于光生电子－空穴对的生成和电子的漂移，从而产生电流。当光子击中半导体材料时，它们会激发电子从价带跃迁到导带，形成光生电子－空穴对。这些电子和空穴将在半导体中移动，然后被引导到外部电路中，从而产生电能。

当温度升高时，半导体中的载流子（电子和空穴）的迁移率会下降。这意味着电子和空穴在半导体中移动的速度减慢，从而延缓了电流的产生。这是因为在半导体中，载流子的迁移率与晶格振动有关。在高温下，晶格振动增加，导致载流子遇到更多的障碍，使它们的移动受到限制。

高温还会引起一些不可逆的损伤。在太阳电池中使用的半导体材料通常是硅，它在高温下容易发生晶体结构的变化，从而影响电池的性能。这种变化被称为热应力，会导致电池的性能下降，并可能缩短电池的寿命。

温度对太阳电池的效率和性能有着显著的负面影响。这对太阳能系统的长期可持续性和经济性构成了挑战。为了克服这些问题，科研人员和工程师采用了多种方法来管理和减轻温度效应。

温度管理是至关重要的。太阳电池通常需要冷却系统来维持适宜的工作温度。这可以通过在电池周围安装散热器或冷却装置来实现。冷却系统有助于防止电池过热，从而维持电池的效率。此外，冷却系统还可以延长电池的寿命，减轻温度造成的损害。

电池的设计也可以降低温度效应的影响。例如，电池的结构可以经过精心设计，以减少热量在电池中的积聚。反射层、抗反射涂层和背部反射器等设计元素可以减少入射光线的吸收和电池的升温。这些设计改进有助于保持电池在适宜的工作温度范围内。

材料的选择也是管理温度效应的关键因素。一些半导体材料在高温下更具稳定性，可以减少温度引起的晶格变化。此外，新型的热稳定材料正在不断研发，以提高电池的性能并降低温度效应的负面影响。

第三节　高效晶硅太阳电池结构及能量损失

一、抗反射涂层

抗反射涂层是太阳电池技术中的重要组成部分，其主要作用是降低光的反射损失，从而提高光的吸收率。这对于太阳电池的性能和效率至关重要。在高效晶硅太阳电池中，抗反射涂层起着关键的作用，因为它们有助于最大化光的吸收，从而提高电池的能源产出。

抗反射涂层通常由微观结构构成，这些结构被精确设计，以降低光的反射。在太阳电池表面施加这些微观结构可以改变光的折射率，减少反射，提高光线的入射角，从而增加光的吸收。这些微观结构可以采用不同的形状和尺寸，具体取决于太阳电池的设计和要求。

在太阳电池制造中，通常将抗反射涂层覆盖在电池表面。这些涂层通常是多层结构，每一层都具有特定的光学性质，以增强光的吸收。抗反射涂层的一般原则是尽量减少光的反射，同时最大程度地提高光的透射。这需要精确的工程设计和优化，以确保涂层在不同波长范围内具有高效的抗反射性能。

抗反射涂层通常用于覆盖太阳电池的前表面，这是光线首先进入电池的位置。在这里，光的入射角非常重要，因为它会影响反射和吸收的比例。抗反射涂层通过减少反射，使更多的光进入电池内部，从而提高了电池的效率。

抗反射涂层的设计和制备通常需要高度精密的工程和光学技术。研究人员和工程师使用先进的计算机模拟和实验技术，以确定最佳的涂层设计方案，以满足特定太阳电池的要求。这包括选择涂层材料、微观结构的形状和尺寸，以及涂层的厚度。

抗反射涂层不仅可以提高太阳电池的光吸收率，还可以改善电池的稳定性和长期性能。光照会导致电池产生热量，而抗反射涂层可以减少光线的反射，降低电池的温度，从而提高了电池的效率并延长了电池的寿命。

在太阳电池系统中，抗反射涂层还可以帮助减少清洁和维护的需求。由于其表面不容易吸附尘土和杂质，抗反射涂层有助于保持电池的表面清洁，从而确保其正常运行。

总之，抗反射涂层是太阳电池技术的重要组成部分，它们通过减少光的反射，提高光的吸收率，从而提高电池的性能和效率。这对于太阳电池的可持续性和市场应用至关重要，因为它们可以在相对较小的面积内捕获更多的太阳能，降低总体成本，提高清洁能源的产能。

二、电池结构优化

太阳电池的内部结构在不断优化，以提高光伏效率并减少能量损失。一种常见的优化方法是采用双面电池设计，这种设计可以充分利用反射光，提高电池的性能。

双面电池设计是一种相对新颖的太阳电池结构，与传统的单面电池相比，它具有一些独特的特点。在传统的单面电池中，只有一侧的电池组件可以吸收阳光，而另一侧通常是支撑和保护电池的基底材料。然而，在双面电池中，两侧都被设计成光敏材料，可以吸收阳光。这意味着它们可以从两个方向捕获太阳能，更有效地利用光能。

优化电池结构的一部分是确保电池材料和结构最大程度地吸收光线，而不是反射或透过它们。双面电池可以充分利用周围环境中的反射光，包括来自地面、水面或周围建筑物的反射光。这些反射光通常被浪费，因为传统的单面电池无法捕获它们。然而，在双面电池中，反射光可以通过背面的电池组件进行吸收，从而增加了总体的太阳能吸收率。

这种设计尤其适用于特定环境，如太阳能电站和屋顶安装。在太阳电站中，电池通常安装在大型开放区域，这意味着有大量的反射光可以被捕获。而在屋顶安装中，建筑物周围的反射光也可以用来提高太阳电池的效率。通过采用双面电池设计，可以更有效地利用这些反射光。

除了双面电池设计，其他电池结构方面的优化也在进行中。例如，一些电池采用反射镜和光线导向结构，以提高入射光线的吸收率。这些结构可以将光线引导到电池表面，减少光的反射，从而提高光伏效率。此外，透明电极的使用也可以减少阻挡光线造成的损失。

电池结构的优化通常需要复杂的工程设计和光学模拟，以确保最大程度地减少能量损失。科研人员和工程师使用先进的工具和技术来精确调整电池的结构，以满足特定的性能和效率要求。这种不断的优化有助于提高太阳电池的性能，提高太阳电池系统的总体效率。

总的来说，电池结构的优化是提高光伏效率的关键步骤之一。双面电池设计和其他优化方法可以提高太阳电池的性能，降低太阳能系统的总体成本，提高清洁能源的产能，从而推动可再生能源的发展。随着技术的不断发展和创新，可以期待看到更多关于太阳电池结构的改进，从而实现更高效率和更可持续的太阳能利用。

三、电池连接

电池连接在太阳电池系统中扮演着至关重要的角色。这一步骤的改进旨在降低电阻损失，从而提高电池系统的效率。电池连接涉及一系列设计和材料选择，以确保电流能够有效地传输并最大限度地减少能量损失。

电池连接是指将多个太阳电池组件连接在一起，以形成一个电池组或电池阵列。这些连接通常包括电线、导线、连接器和连接材料，它们起着传输电流的作用。如果电池连接存在电阻损失，那么电流会在传输的过程中遇到阻力，部分能量将会转化为热能，而不是被有效地转化为电能。因此，电池连接的设计和材料选择对整个太阳电池系统的性能至关重要。

在电池连接中，采用低电阻的导线和连接材料是关键。这些导线通常由高导电性材料制成，如铜或银，以减少电流的电阻。铜是常用的导线材料，因为它具有良好的导电性和相对较低的成本。银具有更高的导电性，但成本更高，通常用于高性能和高效率的应用中。这些导线需要具有足够的导电截面积，以确保足够的电流能够在电池之间传输。

此外，连接材料也需要具有低电阻特性。这些材料通常是导电胶或焊料，用于将电池连接到导线或其他电池组件。选择合适的连接材料对于确保电流传输的连贯性和稳定性非常重要。这些材料必须能够抵抗环境因素，如湿度、温度和化学物质，以确保电池连接的持久性。

电池连接还涉及连接器的选择，这些连接器用于将电池组件连接到电池阵列或系统。连接器必须具有可靠的机械性能，以确保电池组件之间的牢固连接，同时又要保持低电阻。这些连接器通常具有金属导体和防水、防腐蚀的外壳，以抵抗恶劣环境条件的影响。

电池连接的改进不仅包括电线和连接材料的选择，还包括连接布局和设计。一种常见的改进方法是减少电池连接的长度，以降低电阻。短距离连接可以减少电流传输的电阻损失，并提高电池组件之间的电流传输效率。

电池连接的优化是提高太阳电池系统性能和效率的重要一环。通过选择低电阻的导线、连接材料和连接器，以及精心设计的连接布局，可以最大程度地减少电阻损失，从而提高电池系统的总体效率。这些改进有助于提高太阳电池系统的能源产出，降低能源成本，促进清洁能源的使用。

第六章 高效晶硅太阳电池设计

第一节　高效晶硅太阳电池总体设计

高效晶硅太阳电池的总体设计是确保电池系统在整体上实现最佳性能和最高效率的关键步骤。这一设计过程需要综合考虑材料选择、物理结构、电路设计和系统集成等多个方面，以确保最大程度地捕获太阳能并将其转化为电能。以下是高效晶硅太阳电池总体设计的关键考虑因素。

一、材料选择

在高效晶硅太阳电池的总体设计中，材料选择是至关重要的。不同的半导体材料对太阳电池的性能产生重要影响。通常，主要的选择是单晶硅和多晶硅。

（一）性能需求

设计师必须确定特定应用对性能的需求。如果应用需要更高的光伏效率并且可以容忍较高的成本，那么单晶硅可能是首选。但如果成本是更重要的考虑因素，可以适度牺牲效率，那么多晶硅可能更适合。

（二）成本考虑

多晶硅通常比单晶硅更经济实惠。因此，在大规模商业和住宅应用中，多晶硅通常更受欢迎，因为它可以在较低的成本下提供可接受的性能。

（三）新兴材料

除了单晶硅和多晶硅，还有一些新兴的太阳电池材料，如钙钛矿和有机太阳电池。这些材料在性能和成本之间取得了更好的平衡，并正在不断发展和研究中。设计师需要密切关注这些新技术，以确定是否适合其特定应用。

在总体设计中，设计师必须仔细权衡性能和成本因素来确定最合适的材料选择。对于需要高效率的应用，如太空探测器或高端光伏系统，单晶硅可能是首选。但对于大规模的商业和住宅应用，多晶硅通常是更经济实惠的选择。

二、物理结构

太阳电池的物理结构设计是关于如何构建和配置太阳电池板的过程，以最大程度地提高其性能和效率。物理结构涉及到电池的尺寸、形状和层数，这些因素直接影响电池的电流产能和电压输出。下面将详细讨论这些关键因素，以帮助设计师优化太阳电池的物理结构。

（一）尺寸的优化

太阳电池的尺寸是在设计过程中需要仔细考虑的因素。电池的尺寸主要由应用场景和所需的能源产出来确定。以下是一些关于尺寸优化的重要考虑因素。

1. 能源需求

首要因素之一是系统的能源需求。这需要明确系统所需的能源产出，通常以千瓦时（kWh）或兆瓦时（MWh）为单位。这个需求取决于所供电设备的功率需求及需要持续供电的时间。例如，如果太阳系统用于供电大型家庭，需要满足更高的电力需求，因此需要较大尺寸的太阳能电池板。对于商业或工业应用，也可能需要更多的电力，这将进一步影响电池板的尺寸选择。

2. 安装空间

安装空间也是一个重要因素。太阳电池板需要足够的空间来安装，通常需要在屋顶、地面或其他特定位置进行布置。不同的应用场景可能对可用的空间有不同的限制。例如，在屋顶安装时，可能会受到屋顶面积和结构的限制。因此，设计师必须根据实际安装场景来选择适当的电池板尺寸，以最大程度地利用可用空间。

3. 成本约束

成本是太阳电池系统设计中一个至关重要的因素。较大尺寸的电池板通常会导致更高的制造成本和安装成本。因此，在设计中需要平衡性能需求和成本约束。如果系统的预算有限，可以选择较小尺寸的电池板，以确保系统在预算范围内。

4. 实际光照条件

太阳电池板的性能直接受到光照条件的影响。光照条件取决于地理位置和气候。不同地区的光照条件各不相同，太阳辐射水平也有所不同。在选择电池板尺寸时，必须考虑所处地区的实际光照条件，以确保系统能够在不同季节和天气条件下产生足够的电能。如果地区的光照条件较差，可能需要更大尺寸的电池板以弥补电能产出的损失。

（二）形状的优化

电池板的形状选择对于确保最佳性能同样至关重要，尤其是考虑到安装方式和日照条件。以下是形状优化的考虑因素。

1. 屋顶安装

屋顶安装是一种常见的太阳电池系统部署方式，特别是在住宅应用中。在这种情况下，太阳电池板被安装在建筑物的屋顶上，以最大程度地利用可用的屋顶面积。然而，屋顶安装需要考虑多个因素，包括屋顶的形状和结构。

（1）屋顶形状

不同建筑物的屋顶形状各不相同。一些屋顶是平的，而其他屋顶可能是倾斜的或有多个坡度。因此，太阳电池板的形状和尺寸必须适应特定的屋顶形状。对于平屋顶，通常需要特殊设计的支架系统，以确保电池板能够倾斜以获得最佳的日照角度。对于倾斜屋顶，电池板可以更容易地安装，但需要考虑坡度和方向。

（2）屋顶结构

屋顶的结构也是一个重要因素。必须能够承受太阳电池板的重量，因此需要确保屋顶能够支撑电池板的负荷。在某些情况下，可能需要加固屋顶结构以适应太阳电池板的安装。这涉及与建筑工程师一起工作，以确保安装是安全和可行的。

2. 地面安装

地面安装是另一种常见的太阳电池系统部署方式，通常在商业、工业和大型光伏电站中使用。与屋顶安装不同，地面安装更加灵活，可以选择不同形状和尺寸的电池板。

（1）支撑结构

地面安装的太阳电池系统需要支撑结构，以确保太阳电池板得到稳固的支撑并获得最佳的日照条件。这些支撑结构通常采用金属框架的形式制造而成，因为金属具有足够的强度和耐久性，能够承受各种气象条件和外部环境的影响。

这些金属框架可以根据具体的需求进行调整，以实现适当的角度倾斜。太阳电池板的倾斜角度对其性能至关重要，因为它将直接影响日照条件和能源产出。通过调整支撑结构，设计师可以根据系统的地理位置和季节变化来优化太阳电池板的倾斜角度。例如，在冬季时，将太阳电池板的倾斜角度调得较低可以更好地捕获太阳低角度的辐射，而在夏季时，将倾斜角度调得较高，以避免过度加热。

除了提供适当的倾斜角度，支撑结构还必须具备足够的稳定性和耐久性，以抵抗恶劣天气条件，如强风、雨雪和风暴。这确保了太阳电池系统的可靠性和长期性能。

因此，支撑结构在地面安装的太阳电池系统中起着至关重要的作用，它们不仅提供了稳固的支撑，还确保了太阳电池板能够获得最佳的日照条件，从而实现高效的能源产出。

（2）定制设计

定制设计在地面安装的太阳能系统中扮演着至关重要的角色。这种设计方法允许系统开发人员根据特定的土地和空间条件来定制太阳电池板的形状和尺寸，以最大程度地提高能源产出。

根据可用的土地和空间，系统设计师可以选择合适的电池板形状。这包括考虑土地的形状和尺寸，以确定哪种电池板形状最适合。例如，如果土地呈狭长形，可能需要选择较窄但较长的电池板，以充分利用可用的空间。相反，如果土地较宽，可以选择更宽的电池板。

定制设计还涉及到电池板的尺寸选择。根据系统需求和土地可利用面积，可以选择不同尺寸的电池板。较大尺寸的电池板通常能够捕获更多的太阳能，但也需要更多的土地。相反，较小尺寸的电池板可能更适合较小面积的土地。设计师必须根据能源需求、安装空间和成本约束来选择合适的尺寸。

定制设计方法的优势在于它使太阳能系统能够更好地适应特定的土地和场地条件。这有助于确保系统在可用空间内最大程度地提高能源产出，提高系统的效率和可持续性。此外，定制设计还可以帮助降低系统的成本，因为它允许更好地利用可用资源，减少浪费。

3. 集成式设计

有些太阳能系统的电池板被集成到建筑物的外观中，以满足美学和设计需求。这种集成式设计通常需要特殊形状和尺寸的电池板，以适应建筑物的外观。

（1）外观需求

太阳电池板的外观对于集成到建筑物外观中至关重要。电池板必须与建筑的外观和材料相匹配，以确保不破坏建筑的美学。这意味着电池板的外观、颜色、纹理和透明度必须与建筑的外观和设计完美协调。通常，建筑师和设计师会考虑如何将太阳电池板融入建筑的外观，以确保其看起来像是建筑物的一部分，而不是后来添加的附件。这可以通过选择适当的外观材料和涂层来实现，以使太阳电池板与建筑物相融合。

（2）特殊设计

集成式设计通常需要特殊定制的电池板，这些电池板的形状和颜色需要与建筑物的外观完全一致。这种设计通常需要与建筑师和设计师密切合作，以确保电池板与建筑物完美融合。特殊设计包括制造具有特定形状和尺寸的电池板，以适应建筑物的外观需求。此外，需要使用特殊的颜色涂层，以确保电池板与建筑的颜色相匹配。这种协同工作需要建筑团队和太阳能系统设计团队之间的密切合作，以确保设计和制造的电池板完全符合建筑的外观要求。

（三）层数的优化

电池板的层数决定了电压输出。一般来说，多层电池板可以提供更高的电压输出，但也会增加系统成本。因此，需要平衡电池板的层数，以满足以下方面的需求。

1. 电压需求

在太阳能系统的设计中，首先需要考虑的是系统的电压需求。不同应用可能需要不同的电压输出，这取决于其电力需求和电气设备的特性。多层电池板可以提供更高的电压输出，这对于需要较高电压的应用非常重要。例如，某些电气设备需要高电压才能正常运行，因此选择多层电池板可以确保系统满足这些要求。此外，较高的电压输出还可以减少电力损失，因为电力输送的距离较远时，较高的电压可以减少输电线路中的能量损耗。

2. 成本效益

多层电池板的制造和安装成本通常较高。因此，在设计太阳能系统时，必须仔细权衡性能和成本之间的关系。虽然多层电池板可以提供更高的电压输出，但其制造和材料成本可能更高，而且安装也可能更加复杂。设计师必须确定多层电池板是否在特定应用中具备成本效益，即是否能够在系统寿命周期内实现更高的能源产出，以抵消额外的成本。这通常需要进行成本效益分析，以确定最佳的电池板类型和层数，以满足系统性能需求，同时保持经济可行性。

在总体设计过程中，这些因素需要被综合考虑，以确定最佳的太阳电池的物理结构。通过仔细地设计和优化，可以实现最佳性能和效率，同时满足成本约束和实际应用场景的需求。这将有助于确保太阳能系统的可持续性和高效能源产出。

三、电路设计

电路设计在太阳能系统中扮演着至关重要的角色，它直接影响着能源的捕获、转化和传输效率。一个合适的电路设计可以最大程度地减少电池之间的电阻损失，确保电流顺畅地传输，从而提高整个系统的性能。本章将深入探讨太阳电池系统的电路设计，包括连接方式、电池排列和电路配置。

（一）连接方式

连接方式是指如何将太阳电池板连接在一起，以形成电池组。这一步骤直接决定了系统的电压和电流输出，因此是电路设计中的首要考虑因素。

1. 串联连接

串联连接是将多个太阳能电池板依次连接，使它们在一个电路中依次排列，电流只能通过一个路径流经所有电池板。这种连接方式增加了系统的电压输出，因为电压可以累加。举例来说，如果每个电池板的电压输出为 1 V，当 4 块电池板串联连接时，系统的总电压输出为 4 V。

这种连接方式适用于需要较高电压而电流需求相对较小的场景。串联连接的优势在于最大程度地提高了系统的电压输出，适合用于需要长距离输电的应用。然而，它也有劣势，因为当一个电池板出现故障时，整个串联电路都会中断，导致系统性能下降。

2. 并联连接

并联连接是将多个太阳电池板并排连接，电流在所有电池板之间分流，但电压保持不变。这种连接方式增加了系统的电流输出，因为电流可以累加。使用同样的例子，如果每个电池板的电流输出为 1 A，当 4 块电池板并联连接时，系统的总电流输出为 4 A。

并联连接适用于需要较高电流而电压需求相对较小的场景。它的优势在于即使一个电池板出现故障，其他电池板仍然可以正常工作，因此系统的鲁棒性更强。然而，其劣势在于电压输出不能累加，适用于需要短距离输电的应用。

（二）电池排列

电池排列涉及太阳电池板的布置方式，包括电池板的方向、间距和倾斜角度。正确的排列可以最大程度地提高电池板的日照时长和能源产出。

1. 方向

太阳电池板的安装方向通常是朝向太阳的方向，以最大程度地吸收阳光。在大多数情况下，太阳电池板安装在平面上，可以通过调整安装方向来实现最佳的日照条件。在北半球，电池板通常朝向正南方，而在南半球则朝向正北方。

2. 间距

电池板之间的间距是一个关键因素，它会影响电池板之间的相互遮挡情况。合适的间距可以确保光线充分照射到每个电池板上，而不会被其他电池板遮挡。

3. 倾斜角度

电池板的倾斜角度是为了使其在一天中不同时间段都能最大程度地吸收阳光。通常，倾斜角度会根据地理位置来确定，以便在不同季节和时间段都能实现最佳的日照条件。

（三）电路配置

电池之间的电路配置也是电路设计中至关重要的一部分。合适的电路配置可以确保电流在电池之间的均匀分布，减少电阻损失。这通常涉及电池之间的连接线和连接件的设计。

1. 导线选择

选择合适的导线对电池之间的电流传输非常关键。导线应具有低电阻，以减少电阻损失。此外，导线应具有足够的电流承受能力，以满足系统的需求。铜导线通常被广泛应用，因为它们具有良好的导电性能，且相对经济。

2. 连接件和接头设计

连接件和接头的设计也是电路配置的一部分。这些部件需要确保电池之间的连接较为牢固，不易受到恶劣天气或其他外部因素的干扰。合适的连接件和接头可以减少连接处的电阻损失，提高系统的可靠性。

3. 布线设计

布线设计是确保电流在整个系统中均匀分布的关键。电池板之间的连接线应根据电路配置正确安排，以确保电流流经每块电池板，而不会发生过度的电阻损失。布线设计还需要考虑电路的防水和防护需求，以确保系统在不同天气条件下都能正常运行。

四、系统集成

系统集成是高效晶硅太阳电池设计中的最后一步，然而，它同样是至关重要的，因为它确保了电池能够在实际应用中发挥最大的作用。以下是系统集成的一些关键方面。

（一）电池组件的组装

在太阳电池系统的总体设计中，电池组件的组装是一项至关重要的任务。这个过程涉及将太阳电池板安全可靠地连接到支架或框架上，以构建出完整的太阳电池系统。电池组件的组装需要经过精心的规划和操作，以确保系统的质量和性能。以下是一些关键考虑因素。

1. 选择合适的连接件

电池板必须稳固地安装在支架上，以抵御恶劣气象条件和外部的冲击。为实现这一目标，设计师需要仔细选择适当的连接件。这些连接件通常包括螺栓、螺母、支架夹具及防松装置。螺栓和螺母通常由不锈钢或其他耐腐蚀材料制成，以确保它们在户外环境下不生锈或腐蚀。支架夹具被用于在支架上固定电池板，必须具备坚固耐用的特性。防松装置可以确保连接不会因振动或外力而变松。正确选择和配置这些连接件对于确保太阳电池系统的稳定性和寿命至关重要。

2. 操作员培训

为了保证组装过程的高效性和安全性，必须对从事组装工作的操作员进行培训。培训有助于操作员了解正确的组装步骤、操作技巧及相关安全规程。他们需要了解如何正确使用工具，如扭矩扳手，来紧固连接件，以确保不过度或不足拧紧。此外，操作员还需要了解如何操控起重设备，以确保电池板在组装过程中不被损坏。培训可以减少人为错误，提高组装的质量和效率，同时也有助于确保操作员的安全。

3. 质量控制

在组装过程中，质量控制是一个至关重要的环节。每个电池板都必须经过质量控制检查，以确保其符合规格，没有制造缺陷。这些检查包括但不限于检查电池板的物理完整性，如有无裂缝、划伤或破损；电气连接，如焊点或连接线是否完好；支架和连接件是否正确安装，以及是否有任何松动或异常；以及电池板的清洁度，以确保表面没有污垢或尘埃影响性能。质量控制检查有助于提前发现问题并及时解决，以确保最终组装的太阳电池系统达到高质量标准。

4. 安全措施

安全是太阳电池组件组装过程中的首要考虑因素。为确保操作员和工作环境的安全，必须采取多种安全措施。首先，操作员需要穿戴适当的个人防护装备，如头盔、安全鞋、护目镜和手套，以减少意外伤害的风险。其次，他们必须接受相关的安全培训，了解如何正确操作和维护设备，以及如何应对紧急情况。最后，操作员需要明白电池组件的危险特性，如在特定条件下可能引发的火灾或电击危险。组装区域必须符合安全标准，包括清洁的工作环境、紧急事故处理设施和防火措施。安全检查和审查是确保工作场所安全的一部分，以及在任何潜在风险出现时采取纠正措施。

5. 环境适应性

太阳电池系统将在各种环境条件下运行，因此必须确保电池组件在不同气候和气象条件下的稳定性。这包括考虑到极端温度、风暴和其他不利气象条件下的电池板的可靠性。首先，电池板必须能够耐受高温和低温条件。在高温环境下，电池板必须具备散热性能，以防止过热损坏。在低温环境下，电池板必须能够正常工作，而不受寒冷天气的影响。其次，电池板必须具备抗风能力，以抵御飓风、风暴和强风等恶劣天气条件。这通常需要支架和固定系统的坚固性，以确保电池板在高风速下不会受到损坏。最后，电池板的材料和涂层必须具备抗腐蚀性，以防止在海洋环境或有害气体环境中受到损坏。综合考虑这些因素，设计师可以确保电池组件在各种环境条件下都能够可靠运行，并具备长期性能和可持续性。这对于太阳电池系统的可靠性和寿命至关重要。

（二）倾斜角度和方向的调整

太阳电池的性能受到太阳光入射角度的影响。为了确保系统最大程度地利用可用的太阳能，必须调整电池板的倾斜角度和朝向。以下是一些关键考虑因素。

1. 地理位置和季节变化

电池板的倾斜角度和方向的调整是一个动态的过程，需要考虑系统所在的地理位置及季节性的变化。地理位置对太阳能系统的性能有显著影响，因为不同地点的太阳光入射角度不同。在北半球，冬季太阳的轨迹较低，因此电池板的倾斜角度应较低，以更垂直地朝向太阳。相反，在夏季，太阳较高，电池板的倾斜角度应较高，以维持最佳捕获。季节变化也必须纳入考虑，因为太阳的高度会随着季节而变化。因此，周期性的调整电池板的倾斜角度和方向对于确保系统的高效运行至关重要。

2. 最佳太阳能捕获

调整电池板的倾斜角度旨在确保电池板垂直朝向太阳，以最大程度地捕获太阳辐射。这可以通过使用精确的测量仪器来实现，如太阳追踪器和倾斜角度测量仪。太阳追踪器可以检测太阳的位置并自动调整电池板的倾斜角度和方向，以确保持续的太阳能捕获。倾斜角度测量仪可以精确测量电池板的倾斜角度，以便操作员可以手动进行调整。这些仪器的使用有助于确保系统在任何时间都能够最大程度地捕获太阳能。

3. 自动跟踪系统

为了进一步提高太阳能系统的性能，一些系统采用了自动跟踪系统。这些系统使用先进的技术，如太阳传感器和电动机，可以自动调整电池板的倾斜角度和方向，以确保电池板始终面向太阳。自动跟踪系统可以根据太阳的位置实时调整，以最大程度地提高太阳能捕获效率。这种技术对于需要最大限度提高能源产出的系统尤为重要，尤其是在高纬度地区或季节性太阳能系统中。

4. 季节性调整

季节性调整是太阳能系统维护的重要组成部分。太阳能系统的性能直接受到太阳高度和位置的季节性变化的影响。在不同季节，太阳在天空中的轨迹会有所不同，因此需要根据这些变化来调整电池板的倾斜角度和方向。通常，冬季太阳较低，而夏季太阳较高。为了最大程度地捕获太阳能，电池板的倾斜角度需要在季节变化时进行调整。

季节性调整的频率取决于系统所在的地理位置，通常是每季度或每半年进行一次。这确保了系统在不同季节仍然能够获得最佳的能源产出。

5. 监控和维护

定期监控和维护是确保电池板保持正确的倾斜角度和方向的关键。这包括检查支撑结构、调整机制及清洁电池板表面，以确保系统的高效性能。

通过仔细调整电池板的倾斜角度和方向，太阳能系统可以最大程度地提高能源产出，确保系统在不同季节和地理位置下都有最佳的性能。这对于确保系统的可持续能源产出至关重要，特别是在光照条件变化较大的地区。

（三）系统监控和维护

一旦系统集成完成，监控和维护将成为系统长期高效运行的关键环节。监控系统可以实时追踪电池组件的性能，检测潜在问题，提前发现并解决问题，减少能源损失。这种实时监控可以通过传感器、数据记录和远程监测系统来实现。这些系统可以提供关于每个电池板的性能数据，如能源产出、电压和电流等，以帮助运营商迅速识别问题并采取必要的措施。

此外，定期的维护工作对于确保系统的高效性能至关重要。维护工作包括清洁电池板表面，检查连接件和电线的状态，以确保系统保持最佳状态。清洁是一个重要的方面，因为电池板表面积累的尘埃、污垢和沉积物可能降低其性能。通过定期的清洁工作，可以确保电池板能够更好地吸收太阳能，并提高系统的能源产出。

监控和维护不仅有助于提高系统的性能，还有助于延长系统的寿命。通过检测和解决问题，可以避免潜在的损坏，从而减少了系统的维修和更换成本。这使得太阳能系统能够提供长期可靠的能源产出，为运营商提供了可持续的经济效益。

（四）安全性和可靠性

在系统集成过程中，安全性和可靠性是至关重要的考虑因素。电池组件必须安全地安装在支架上，以防止损坏或倾覆。这不仅可以确保电池板的长期稳定性，还可以防止潜在的安全风险。支架和支撑结构必须具备足够的强度，以承受风暴、雨雪和其他恶劣天气条件可能带来的负荷。

此外，系统必须在各种气象条件下可靠运行，包括极端温度。这要求组件和支架具有足够的耐候性，以抵抗气候变化和环境影响。必须考虑到电池板的材料选择和外部保护，以确保其在各种条件下能够保持其可靠性。

安全性和可靠性的考虑因素不仅适用于电池板本身，还适用于与系统集成的其他组件，如支架、电线和连接件。这些组件必须符合安全标准和行业规定，以确保整个系统的可靠性和安全性。

第二节　光学设计

光学设计在高效晶硅太阳电池中起着关键作用，因为它涉及光子的吸收和反射。以下是与光学设计相关的关键考虑因素。

一、抗反射涂层

抗反射涂层在太阳电池系统中扮演着至关重要的角色，其设计和应用是为了减少光的反射损失，从而最大程度地提高光的吸收率。这对于提高太阳电池系统的能源产出至关重要，因此抗反射涂层的优化是一个关键的考虑因素。

首先，抗反射涂层是什么？它是一种特殊的表面涂层，旨在降低光线从材料表面反射回空气或其他介质的程度。在太阳电池系统中，这意味着抗反射涂层可以降低光子从太阳电池板表面反射的数量，从而使更多的光子能够被吸收并被转化为电能。这一过程是通过改变光的传播方式来实现的，使光子能够更容易地穿透涂层并进入太阳电池板内部。

抗反射涂层通常使用微观结构来实现。这些微观结构可以是纳米级的表面纹理，也可以是微小的光栅或薄膜。这些结构会改变光线的入射角度，使光子更容易穿透材料表面而不是被反射。根据太阳光谱的特性来选择和设计这些微观结构，可以优化抗反射涂层，以确保在可见光和红外光范围内都具有高透过率。

太阳电池系统的工作原理是将光子的能量转化为电能。因此，抗反射涂层的优化可以直接影响系统的性能。通过减少反射损失，更多的太阳能可以被有效地捕获和利用，从而提高系统的能源产出。这对于提高太阳电池系统的效率至关重要，特别是在光照条件不断变化的环境下。

另一个重要的考虑因素是抗反射涂层的耐久性和稳定性。这些涂层必须能够在各种气象条件下保持其性能，包括极端温度、湿度和紫外辐射。因此，选择适当的材料和制造工艺是至关重要的。此外，抗反射涂层还必须具有长期的稳定性，以确保系统在多年的运行中仍然具有高效性能。

总之，抗反射涂层在高效晶硅太阳电池系统中扮演着关键的角色，通过减少光的反射损失，提高了光的吸收率，从而提高了系统的能源产出。通过精心设计和优化抗反射涂层，可以实现更高的太阳电池效率，为可持续能源产出作出贡献。

二、光学透明度

在高效晶硅太阳电池系统中，光学透明度是至关重要的设计因素。光学透明度是指材料对可见光的透过程度，通常以百分比表示。在太阳电池系统中，前面板材料的光学透明度对系统的性能有着重要的影响。

前面板材料必须具有高透明度，以确保光子可以轻松穿透并被太阳电池板吸收。这是因为太阳电池的工作原理涉及将光子的能量转化为电能。如果前面板不具备足够的透明度，那么一部分光子将被反射或吸收，而不会被太阳电池板捕获。因此，透明度的选择和设计是确保系统能够有效利用可用光能的关键。

透明玻璃或塑料通常是常见的前面板材料，因为它们在光学透明度方面表现出色。这些材料在可见光范围内具有高透过率，允许大多数光子穿透并到达太阳电池板的表面。这确保了系统可以充分吸收可用的太阳辐射，并将其转化为电能。

此外，前面板材料还必须具有足够的耐候性，以抵御气象条件和环境影响，以确保长期的稳定性。太阳电池系统通常在户外暴露于不同的气象条件下运行，因此前面板材料必须能够抵御紫外线辐射、湿度、温度变化和其他不利因素的影响。这确保了前面板可以在多年的运行中保持其性能和透明度，而不会发生劣化或损坏。

总的来说，光学透明度是确保高效晶硅太阳电池系统能够有效利用太阳能的关键因素之一。通过选择具有高透明度和足够耐候性的前面板材料，可以确保系统能够在不同气象条件下提供高效的能源产出。这对于推动可持续能源产出和减少环境影响具有重要意义，因此在太阳电池系统的设计和制造中，光学透明度是一个不容忽视的关键要素。

三、光束聚焦

光束聚焦是太阳能系统中一项重要的光学设计元素，旨在通过使用透镜、反射器或聚光器将太阳光聚焦到太阳电池板的表面，以提高光子吸收率。这在高效率太阳电池系统中是一种常见的设计元素，因为它可以显著提高能源产出。在这里，将深入探讨光束聚焦的原理和应用。

在传统的太阳电池系统中，光子直接照射在电池板表面，然后被转化为电能。然而，不是所有光子都能被有效地吸收和转化。一些光子可能会被反射、透射或散射，从而导致能源损失。这就是为什么光束聚焦的概念如此重要。通过将太阳光聚焦到小面积的电池板上，可以提高光子吸收率，使更多的光子被有效地转化为电能。

光束聚焦可以通过多种方式实现，其中最常见的是使用透镜、反射器或聚光器。这些设备的作用是将太阳光线聚焦到电池板的特定区域，从而增加光强度。以下是一些关于不同类型光束聚焦方法的详细信息。

1. 透镜聚焦

透镜聚焦是一种常见的光束聚焦方法，它利用透镜将光线聚焦到一个焦点上。透镜可以采用不同的形状和曲率，以实现不同程度的光束聚焦。在太阳能系统中，凸透镜和透镜组通常用于将太阳光线聚焦到太阳电池板上。通过调整透镜的曲率和位置，可以实现光线的精确控制，以确保焦点位于电池板表面。这种方法通常用于小型太阳能系统，如太阳能聚光器，以提高光吸收率。

2. 反射器聚焦

反射器聚焦是另一种常见的光束聚焦方法，它使用反射器将光线反射并聚焦到一个焦点上。在太阳能系统中，常见的反射器类型包括抛物面镜和线性聚光器。这些反射器可以通过精确控制反射面的形状和曲率来控制光线的路径，将光子聚焦在电池板上。反射器聚焦通常用于光伏光热发电系统，其中高温用于发电。通过反射器聚焦，可以将太阳光线高度集中，以提高能源产出。

3. 聚光器聚焦

聚光器是一种透明或半透明的光学元件，它可以通过折射将光线聚焦到一个焦点上。聚光器通常采用特殊的材料，如光学级聚合物或玻璃。它们通过改变形状和折射率来实现光束聚焦。聚光器聚焦广泛用于光伏系统，尤其是高集中光伏系统。这些聚光器可以通过改变形状和折射率来控制光线的路径，以将光子聚焦在太阳电池板上。这有助于提高太阳电池的光吸收率，从而提高能源产出。聚光器聚焦方法通常用于大型太阳能系统，如太阳能光伏光热发电站，以提供更高的电能产出。

无论采用哪种方法，光束聚焦都需要精确的光学计算和工程设计。聚焦的焦点必须与电池板的位置和形状相匹配，以确保光子能够准确地投射到电池板上。此外，光束聚焦系统需要具有耐候性，以在不同气象条件下保持性能。

光束聚焦的应用领域非常广泛，包括太阳能光伏、光热发电、太阳能热水器等。在高效晶硅太阳电池系统中，光束聚焦可以显著提高光子的吸收率，从而提高能源产出。

第三节　电学设计

电学设计关注电池内部电流流动和电子传输的最佳路径。以下是与电学设计相关的关键考虑因素。

一、电池连接

电池连接是太阳电池系统中至关重要的组成部分，它直接影响到电流的传输和系统性能。电池连接的设计不仅需要考虑电流的有效传输，还需要关注电阻损失的最小化，以确保系统的高效性和可靠性。在这一部分，将深入探讨电池连接的关键因素和设计原则。

第一，电池连接需要具有足够的电导率。这意味着电流在连接器和导线中传输时应该使用尽可能小的电阻。为了实现这一点，通常采用高导电性的材料，如铜或银，来制作连接线和连接器。铜是最常见的材料选择，因为它具有良好的导电性、抗腐蚀性和可加工性。连接线和连接器的横截面积也需要足够大，以容纳所需的电流，同时降低电阻。

第二，要考虑连接的稳定性。连接必须牢固，以防止电流传输中断或电池连接部分的移动。即使微小的连接移动也可能导致电阻增加，从而损害系统性能。为了确保连接的稳定性，通常采用螺栓、螺母和连接器来紧固电池板和支架。这些紧固件必须定期检查，以确保它们没有松动或损坏。

第三，电池连接还需要考虑到电池之间的电流均衡。在光照不均匀的情况下，一些电池可能会接收更多的光线，产生更多的电流。为了避免电池之间的电流失衡，设计师通常会采用电流分流器或电流均衡器。这些设备可以确保电池之间的电流分配均匀，从而最大程度地提高整个系统的性能。

第四，电池连接的质量控制是不可忽视的。每个电池连接都必须经过质量检查，以确保其完整性和性能。这包括检查连接线、连接器和紧固件，以确保它们没有制造缺陷。质量控制的一部分还包括电阻测试，以确保电池连接的电阻在合理范围内。

总的来说，电池连接在太阳电池系统中具有重要作用，其设计需要综合考虑电导率、稳定性、电流均衡和质量控制等因素。通过精心设计和维护，可以确保电池连接在系统的整个生命周期内保持高效和可靠。这不仅有助于提高能源产出，还有助于降低维护成本和延长系统的使用寿命。

二、最大功率点跟踪

最大功率点跟踪在太阳电池系统中扮演着关键的角色，它是确保系统在不同光照条件下获得最大能源产出的关键控制策略。光照和温度变化会导致太阳电池的电压和电流输出发生变化，而 MPPT 控制器的任务是实时调整系统的负载，以确保电池工作在其最大功率点。

MPPT 控制的核心原理是通过不断追踪电池的电压和电流，并根据光照情况进行调整，使电池工作在其最佳状态，从而最大程度地捕获太阳能。为了实现这一目标，MPPT 控制器需要精确的电路设计和高效的算法。

首先，MPPT 控制器需要实时监测电池的电压和电流。这通常通过传感器或电流测量器来实现。监测电压和电流的变化可以帮助系统了解电池当前的工作状态。

根据电压和电流的监测结果，MPPT 控制器使用算法来计算出当前的功率值。通过调整系统的负载，控制器试图使功率值最大化。这通常涉及改变电池的工作电压，以使其工作在最大功率点。

MPPT 控制器通常采用迭代的方法来调整电池的工作电压。它在不同的电压下测量电流和功率，然后选择使功率最大的电压作为当前的工作点。这个过程通常以很高的频率进行，以确保系统可以快速响应光照和温度的变化。

一种常见的 MPPT 控制方法是脉冲宽度调制（PWM）。在 PWM 控制中，电池的工作电压通过周期性地调整负载的开关时间来控制。这样可以在不断尝试的过程中找到最大功率点。另一种常见的方法是使用直流－直流转换器，如 Boost 转换器或 Buck-Boost 转换器，以调整电池的工作电压，以实现 MPPT。

MPPT 控制器的性能高度依赖于其算法的质量和控制策略的精密度。高质量的 MPPT 控制器能够在不同的光照条件下实现更高的能源产出，从而提高整个太阳电池系统的效率。精确的电路设计和控制是确保 MPPT 控制器的成功的关键。这需要对光伏系统的工作原理和性能特点有深刻的理解，以便选择合适的 MPPT 方法和参数。

总的来说，MPPT 控制是太阳电池系统中的关键技术，它通过实时跟踪电池的工作状态并调整系统的负载，以最大程度地捕获太阳能，确保系统的最佳性能。精心设计的 MPPT 控制器可以显著提高太阳能系统的效率和能源产出，从而在可再生能源领域发挥重要作用。

三、电子传输路径

电子传输路径是高效晶硅太阳电池系统中不可或缺的一部分，它扮演着将从太阳电池板产生的电子流转化为电能的关键角色。这一部分的电学设计需要精心考虑，以确保电子能够高效地从太阳电池板传输到电池系统的输出端。

（一）电子传输路径的优化

电子传输路径的设计需要从以下几个方面进行优化，以最大程度地减小电子的阻力，确保电流的有效传输。

1. 电池板内部布局

电池板内部的布局是高效晶硅太阳电池系统设计中的一个至关重要的方面。合理的电池板内部布局可以极大地影响电子传输路径的优化，从而确保电子能够高效地从太阳电池板传输到电池系统的输出端。

（1）电池单元排列方式

电池板通常由多个电池单元组成，它们可以以不同的方式排列。电池单元之间的排列方式需要被精心设计，以确保电子能够流经它们，而不会受到不必要的阻碍。常见的排列方式包括横向排列和纵向排列，每种方式都有其适用的场景。例如，在一些应用中，纵向排列可能更适合，因为它可以提供更大的电压输出。

（2）电池单元间距和连接方式

电池单元之间的间距和连接方式也需要精心选择。合理的间距和连接方式可以减小电流传输的阻力，从而减小电阻损失。同时，连接方式的可靠性也至关重要，以确保电子能够稳定地从一个电池单元传输到另一个电池单元。连接方式可以包括焊接、夹持及螺栓连接等，每种方式都有其适用的情况。

（3）导线和连接线的设计

电池板内部的导线和连接线的设计也需要被仔细考虑。导线必须具有足够的电导率，以减小电阻，确保电子能够高效传输。通常，高导电性的材料如铜或银被广泛采用。此外，导线的截面积、长度和布局也需要被合理设计，以确保电子能够顺畅流动。不当的导线设计可能导致电阻损失和电能损失，因此需要特别关注。

2. 减小电阻损失

电阻损失是太阳电池系统中一种常见的能量损失，它由电子在导线和连接件中流动时遇到的阻力引起。减小电阻损失对于确保系统的高效性和能源产出至关重要。

（1）选择低电阻的导线和连接材料

为了减小电阻损失，必须选择具有低电阻的导线和连接材料。高导电性的金属材料，如铜和银，通常被广泛采用，因为它们能够提供低电阻的路径，使电子能够轻松地流动。这可以减小电阻损失，提高能源传输的效率。

（2）考虑导线的截面积和长度

导线的截面积和长度对电阻损失也有显著影响。通常，较粗的导线截面积可以提供更低的电阻，因为它们提供更多的电流通路。此外，较短的导线长度也可以减小电阻，因为电子需要通过较短的路径流动，减少阻力。

（3）合理的导线布局

导线的布局也需要被精心设计。合理的布局可以减小电流传输中的阻力，从而降低电阻损失。电池板内部的导线和连接线布置应该以最小化电子的阻碍为原则，确保它们能够流经整个系统，而不受到不必要的阻力。

（4）定期维护

最后，定期的维护也是减少电阻损失的关键。电池系统中的连接件和导线可能会受到腐蚀或损坏，这可能导致电阻损失的增加。通过定期检查和维护，可以及早发现并解决这些问题，确保系统的电阻保持在最低水平，从而保持系统的高效性能。

（5）电子传输路径的优化

电子传输路径的优化还包括考虑电子流动的方向。设计师需要确保电子能够在整个系统中以最短的路径传输，避免不必要的弯曲和转折。这可以通过布局和连接方式的优化来实现。在整个电子传输路径中，电子应该能够流经导线、连接件和电池单元，而不会受到不必要的干扰。

（6）电子的速度和能量

电子的速度和能量也是电子传输路径设计的关键因素。电子的速度通常受到电流强度和电压的影响。较高的电流和电压可以增加电子的速度，从而减小电阻损失。设计师需要平衡电流和电压的选择，以获得最佳的电子传输效率。

（7）材料选择和耐候性

电子传输路径的设计还需要考虑材料的选择和耐候性。选择材料时，必须确保它们具有良好的电导率和耐候性，能够在各种环境条件下保持稳定。这有助于确保电子传输路径在不同气象条件下都能够高效运行，而不受到材料的退化或损害。

3. 电子的流向

电子流向在太阳电池系统的电学设计中至关重要。了解电子流向的优化可以确保电子在电池板内部和电路中以最高效率传输。电子在太阳电池板内部的传输方向通常是从电池单元到连接线，然后到电路和负载。为了优化电子流向，设计师必须确保电子可以在电池板内部自由传输，而不会受到任何不必要的阻碍。

太阳电池板的电子流向通常是从电池单元的 P 端（带正电荷）流向 N 端（带负电荷），然后通过电池板上的连接线进入电路。这个流向确保了电子的正确方向，使其能够通过外部电路驱动负载，如电器设备或电池储能系统。设计师需要确保电子传输路径中的连接线、电池单元和连接件都正确配置，以确保电子流向的顺畅和高效。

此外，电子流向的路径必须避免任何不必要的弯曲或转向，因为这会导致电子传输中的额外电阻和能量损失。因此，电子传输路径的设计应考虑电线和连接件的布局，以确保电子能够以最直接的方式传输，避免额外的电阻和能量损失。通常，电线的长度应尽可能缩短，以减小电阻。此外，电子流向的路径必须具有足够的宽度，以容纳电子的传输，而不会导致电流过载。

4. 温度管理

温度管理是确保电子传输路径高效运行的关键因素之一。太阳电池板的性能通常受到温度的影响。高温度会导致电子传输路径中的电阻增加，同时也可能引发材料的退化。因此，有效的温度管理是至关重要的。

为了管理温度，设计师可以考虑使用散热系统和温控设备。散热系统通常包括散热器、风扇和热导管，用于将多余的热量排出系统。这有助于降低电子传输路径中的温度，从而减小电子传输过程中的电阻，提高效率。同时，温控设备可以确保电子传输路径在适宜的温度范围内运行，避免过热或过冷的情况。

在高温环境下，电子传输路径可能会受到影响，因此温度管理对于确保系统性能至关重要。适当的散热和温控设备的使用可以确保电子传输路径在各种气象条件下都能高效运行，从而提高太阳电池系统的整体性能和可靠性。这对于长期能源产出和系统寿命至关重要。

（二）电子传输路径的综合设计

电子传输路径的综合设计是太阳电池系统中的关键环节，需要综合考虑多个因素以实现最佳性能。

1. 系统整合

系统整合在太阳电池系统设计中起着至关重要的角色。它涉及将系统的各个组件协调一致，以确保系统能够以最高效率运行。系统整合包括多个层面，包括硬件、软件和物理布局，以确保系统能够实现最佳性能。

首先，系统整合涉及到硬件层面。太阳电池系统通常包括太阳电池板、电池组、逆变器、电路、控制系统等多个组件。这些组件必须精确地设计和配置，以确保它们能够协同工作。例如，太阳电池板的输出必须与逆变器和电池组相匹配，以确保电流能够无缝传输。电路和连接线必须正确配置，以确保电能能够高效传输。控制系统必须与整个系统协调，以实现实时监控和管理。硬件的系统整合确保了系统的稳定性和高效性。

其次，系统整合也包括软件方面。现代太阳电池系统通常具有监控和控制软件，用于实时追踪系统性能和进行远程操作。这些软件必须能够与系统的硬件组件相互通信，并实现最大程度的自动化和效率。例如，最大功率点跟踪控制器是一个关键的软件部分，它可以实时调整电池板的电压和电流，以最大程度地捕获太阳能。系统整合的软件部分确保了系统的智能化和实时响应性。

最后，系统整合还涉及到物理布局。太阳电池系统的组件必须在现实环境中安装和布置，因此物理布局也是关键的。这包括太阳电池板的安装位置和角度，以确保它们能够获得最佳的太阳光照。电池组的位置和连接线的布局也需要精心设计，以确保系统的物理稳定性和可访问性。系统整合的物理布局确保了系统在不同环境条件下的可靠性和效率。

总之，系统整合是太阳电池系统设计的关键步骤。它确保了系统的各个组件可以协同工作，实现最佳性能。系统整合涵盖硬件、软件和物理布局，确保系统的高效性、稳定性和可维护性。通过系统整合，太阳电池系统能够充分发挥清洁能源的潜力，为可持续能源的发展作出贡献。

2. 材料选择

材料选择在太阳电池系统设计中也起着关键作用。这涉及选择适当的材料，以确保系统的高效性、可靠性和可维护性。

导线和连接件的材料选择至关重要。导线必须具有良好的电导率，以降低电阻，从而减小能量损失。铜和银是常见的选择，因为它们具有出色的电导率，是良好的导电材料。此外，这些材料必须具有足够的强度，以承受电流传输时的应力。导线的选择对系统的电能传输效率产生重大影响。

连接件的材料也是关键因素。这些连接件必须耐久，以确保系统的可靠性。特别是在户外环境中，连接件必须能够抵御日晒、雨雪和其他恶劣气象条件。因此，材料选择必须包括抗腐蚀和耐候性，如不锈钢或特殊合金。这些材料确保了连接件的长寿命和可维护性。

其他组件的材料选择也需要谨慎考虑。例如，太阳电池板的覆盖材料必须具有高透明度，以确保光子能够轻松穿透并被吸收。材料选择还必须包括耐候性，以抵御紫外线辐射和大气条件的影响。这确保了太阳电池板的长期稳定性和性能。

总之，材料选择是太阳电池系统设计的关键方面。它影响系统的性能、寿命和可维护性。通过选择适当的材料，可以确保太阳电池系统在各种环境条件下高效运行，为可持续能源的应用做出贡献。通过谨慎的材料选择，系统能够实现最佳性能和可靠性。

3. 电阻损失的优化

电阻损失是太阳电池系统中的关键问题，因为它会导致能量损失和系统效率下降。为了减小电阻损失，必须采取一系列措施来优化电子传输路径。以下是一些关键策略。

（1）电线的长度尽量减小

电线越长，电子在其中的电阻损失就越大。因此，设计师应该合理规划电线的路径，确保它们尽可能短。这包括将电池板、逆变器和电池组等组件之间的距离保持在最小范围内，以减小电线的长度。

（2）电线的截面积适当增大

电线的截面积越大，电子在其中传输时的电阻越小。因此，选择足够粗的电线是减小电阻损失的关键。通常，铜电线是常见的选择，因为它具有良好的导电性能，但设计师必须确保电线的截面积符合系统电流需求。

（3）材料的选择

电线和连接件的材料必须选择低电阻的金属，以减小电阻损失。铜是最常用的导电材料，因为它的电阻率相对较低。但在某些应用中，铝等材料也可以考虑，具体取决于成本和性能需求。

（4）温度管理

电子传输路径中的电流通常会导致电线和连接件发热，这会增加电阻。因此，必须采取适当的散热和温控措施，以确保电子传输路径在适宜的温度范围内运行。这可以包括散热器、风扇及温度传感器，以确保系统保持稳定温度。

总之，减小电阻损失需要综合考虑电线的长度、截面积、材料和温度管理。通过优化这些因素，可以提高太阳电池系统的效率，最大程度地利用太阳能资源。

4. 电子传输路径的布局

电子传输路径的布局在太阳电池系统设计中起着关键作用。一个合理的布局可以确保电子能够沿着最佳路径传输，减小电阻和能量损失。以下是一些需要在电子传输路径的布局中考虑的关键方面。

（1）电池单元的排列方式

太阳电池板通常由多个电池单元组成，它们必须以一种方式布置，以确保电子能够顺畅流动。通常，电池单元之间的排列方式和间距需要合理规划，以最小化电子的传输路径。这包括电池单元的串联和并联配置，以满足系统电压和电流的需求。

（2）连接线的布局

连接线必须将电池板、逆变器和电池组等组件连接起来，而不会对电子传输造成阻碍。连接线的长度、截面积和材料选择都对布局产生影响。它们必须满足电子传输路径的要求，确保电流能够高效传输。

（3）连接件的配置

连接件必须安全可靠地连接各个组件，并且要方便维护。特别是在户外环境中，连接件必须能够抵御气象条件和紫外线辐射的影响。它们必须被正确布局，以确保系统的可靠性和稳定性。

（4）电子的流向

理解电子的流向有助于确定最佳的布局方式。电子传输的方向必须与电池板的排列方式和电路配置相匹配，确保它们能够沿着最佳路径传输，避免不必要的弯曲或转向。

综合来看，电子传输路径的布局需要精心规划，以确保电子能够高效传输。合理的排列方式、连接线布局、连接件配置和电子流向都是布局的关键方面，对系统性能和可靠性有着重要影响。通过优化这些方面，可以实现高效的太阳电池系统设计。

5. 温度管理策略

温度管理在太阳电池系统中起着至关重要的作用，因为温度对电池的性能和电子传输路径有直接影响。有效的温度管理策略有助于减小电子传输路径中的电阻，提高系统的效率，并确保系统在各种气象条件下都能高效运行。

（1）散热系统

太阳电池板和电子传输路径中的电流通常会导致部分能量转化为热能，导致升温。为了有效降低温度，可以采用散热系统，例如，散热器或风扇。这些系统可以通过将热量传递到周围的空气或其他介质中来冷却电池板和电子元件。选择适当的散热系统有助于维持适宜的工作温度，减小电阻，并提高系统效率。

（2）温控设备

温控设备，如温度传感器和控制器，可以用于监测电池板和电子传输路径的温度，并根据需要采取措施来维持适宜的工作温度。当温度升高到一定阈值时，控制器可以启动散热系统或其他冷却措施，以防止温度过高。这种反馈式温度管理可以保持系统的稳定性。

（3）绝缘材料

绝缘材料的使用有助于阻止热量传播到电池板和电子元件周围的其他部分。绝缘材料可以包括绝缘胶垫、绝缘层和隔热材料。通过合理选择和布置绝缘材料，可以将热量局限在电子传输路径内，减小温升和电阻损失。

（4）防止过热

过热可能对电子传输路径造成损害，因此必须采取措施来防止过热情况的发生。这包括合理规划系统的工作负荷，以避免过多的电流通过电子传输路径，以及在高温环境中降低系统的工作功率。此外，保持电池板的清洁和维护也有助于防止温度升高。

第四节　掺杂设计

掺杂是指在晶硅材料中引入特定的杂质，以改变其电子结构和增加电子的导电性。掺杂设计可以通过以下方式来优化高效晶硅太阳电池。

一、P-N 结构

P-N 结构是高效晶硅太阳电池的核心设计元素之一。这种结构是通过在晶硅中引入 P 型（正性掺杂）和 N 型（负性掺杂）掺杂物来实现的。P-N 结构有助于电子和空穴的分离，从而提高了太阳电池的效率。以下是 P-N 结构在太阳电池中的作用和优化方式。

（一）电子和空穴分离

P-N 结构在太阳电池中的作用是至关重要的，因为它决定了太阳电池的性能和效率。在 P-N 结构中，通过引入 P 型和 N 型材料，可以实现电子和空穴的分离，从而促进电流的产生。

1. 光激发和电子－空穴对的生成

太阳电池作为一种可再生能源技术，其工作原理基于光电效应的基本原理。光电效应是指当光子（光的微粒子）击中物质表面时，它们能够传递能量给物质中的电子，从而使电子从价带跃迁到导带，同时留下一个空穴。这个过程的核心是电子的激发和电子－空穴对的生成，这是太阳电池中能量转换的关键步骤。

在太阳电池中，半导体材料起到关键作用。这些材料通常是由硅或其他半导体元素制成。当光子进入太阳电池的半导体材料时，它们与原子相互作用。这个相互作用将光子的能量传递给与之相互作用的电子。

具体来说，当光子的能量足够大时，它能够战胜半导体材料中价带和导带之间的带隙能量。这就意味着光子能够激发电子，将它们从价带（最低能级）提升到导带（高能级），形成自由电子。同时，原子中留下了一个空穴，这是电子跃迁产生的。

这个电子－空穴对的生成是光电效应的结果。它导致了材料中的电荷分离，其中电子被激发跃迁到导带中，而空穴留在价带中。由于电子和空穴具有相反的电荷，它们受到电场力的作用，将分别向半导体材料的不同区域移动。

这就是太阳电池的基本工作原理。电子和空穴分别在材料中形成电流，这些电流可以通过外部电路来收集和利用。这就是太阳电池将太阳光能转化为电能的关键过程。

2. P-N 结构的作用

在太阳电池中，P-N 结构是一种关键的电子分离和电流产生机制，它对太阳电池的性能和效率至关重要。P-N 结构在半导体材料中引入特定类型的掺杂物，即 P 型和 N 型掺杂物，以创造电子和空穴的分离和导电性，进而产生电流。

（1）P-N 结构的构建

P-N 结构是通过在半导体材料中引入不同类型的掺杂物来构建的。P 型掺杂材料富集了正电子空穴，而 N 型掺杂材料富集了自由电子。这种差异性导致了电子和空穴在 P-N 结构中以不同的方向移动。

（2）电流产生

由于电子和空穴在 P-N 结构中移动并被分离，使得它们在外部电路中形成电流。通过连接导线和外部电路，这个电流可以传递到电气设备，为它们提供所需的电力。

P-N 结构的优化对太阳电池的性能至关重要。掺杂浓度、P 型区域和 N 型区域的层厚度，以及其他因素的调整都可以影响电子和空穴的分离效率。通过精心设计 P-N 结构，可以最大限度地提高太阳电池的效率和电能产生能力。

3. 电子–空穴分离的效率

电子–空穴分离效率在太阳电池中起着关键作用，直接影响电池的性能和能源产出。该效率取决于多个因素，包括 P-N 结构中的掺杂浓度和层厚度。高效的电子–空穴分离是太阳电池实现高效转化太阳能的关键之一。

首先，深入了解电子–空穴分离的效率如何受 P-N 结构的掺杂浓度和层厚度影响。

（1）掺杂浓度

P-N 结构中的掺杂浓度是控制电子－空穴分离效率的一个关键参数。掺杂浓度决定了 P 型和 N 型区域中电子和空穴的浓度。较高的掺杂浓度会导致更多的电子和空穴被激发，从而增加了电流产生的潜力。然而，必须小心平衡掺杂浓度，以避免电子－空穴对的过度重新组合。因此，设计师需要精确控制掺杂浓度，以实现最佳效果。

（2）层厚度

P-N 结构中不同层的厚度也会对电子－空穴分离效率产生影响。较薄的层可能促进电子和空穴的快速分离，但过于薄的层可能无法有效捕获足够的光子。较厚的层可以增加光子吸收，但也可能导致电子－空穴对的重新组合。因此，层厚度的选择需要综合考虑。

为了优化电子－空穴分离的效率，设计师必须进行精确的建模和模拟，以确定最佳的掺杂浓度和层厚度组合。此外，材料的选择和制备也会影响分离效率。通过精心调整这些参数，可以最大程度地提高电子－空穴分离效率，从而提高太阳电池的性能和能源产出。

4. 精确的工艺控制

精确的工艺控制在太阳电池制造中起着至关重要的作用，直接影响着电子－空穴分离效率，以及整个太阳电池系统的性能。在光伏领域，工艺控制包括薄膜沉积、掺杂过程、金属网格的制备，以及反射层的应用等多个关键步骤。这些工艺必须被仔细控制和优化，以确保太阳电池的性能最佳化。

（1）薄膜沉积

太阳电池中的半导体材料通常以薄膜的形式存在。在制备这些薄膜时，必须精确控制材料的厚度、均匀性及晶体结构。任何薄膜中的不均匀性或缺陷都可能影响电子的分离和电荷的传输。因此，薄膜沉积过程必须经过精密的监测和控制，以确保材料的一致性。

（2）掺杂过程

掺杂是改变半导体材料电子结构的重要步骤。通过掺杂，可以引入特定的杂质，从而增加电子的导电性。掺杂过程需要严格控制杂质的类型、浓度和深度。不仅如此，掺杂也必须确保在 P-N 结构中形成合适的电子－空穴分离。任何掺杂过程的不精确都可能降低太阳电池的效率。

（3）金属网格的制备

金属网格是太阳电池中用于电子传输的关键元件。这些网格必须精确制备，以确保电子能够无阻碍地流动。金属网格的制备涉及到细微的图案设计和金属沉积过程。任何制备中的错误或缺陷都可能导致电子－空穴分离的效率下降。

（4）反射层的应用

反射层通常被应用在太阳电池的背面，以增加光子的有效吸收。这需要精确的反射层材料的选择和应用过程。如果反射层的性能不佳或者未被正确应用，它可能会影响光子的入射和电子的激发，从而降低电池的性能。

（二）掺杂浓度优化

在太阳电池中，掺杂浓度的优化是实现高效能量转换的关键因素之一。掺杂是通过在半导体材料中引入特定类型的杂质来实现的，以改变其电子结构，增加电子的导电性，并促使电子－空穴对的生成和分离。在 P-N 结构中，掺杂浓度的优化对电子－空穴分离效率和整体性能产生深远的影响。

1. 掺杂浓度的平衡

掺杂浓度的选择需要细致平衡。较高的掺杂浓度可以增加电子和空穴的浓度，有助于电流产生。然而，过高的掺杂浓度可能会导致电子－空穴对的重新组合，从而降低效率。因此，设计师必须精确控制掺杂浓度，以在增加电流产生的同时避免不必要的电子－空穴对重新组合。

2. 深度掺杂的影响

掺杂的深度也是关键因素。掺杂的深度指的是掺杂杂质在半导体晶格中的分布位置。掺杂深度的选择会影响电子和空穴的分离过程。较浅的掺杂可能导致电子和空穴更容易重新组合，而较深的掺杂则可能限制了它们的移动。因此，必须精确控制掺杂的深度。

3. 温度的影响

温度对掺杂的影响也必须考虑。掺杂浓度通常随温度的变化而变化。在高温下，掺杂浓度可能会升高，而在低温下则可能下降。因此，在不同气象条件下，电子–空穴分离效率可能会有所不同。太阳电池系统通常需要在各种气温下高效运行，因此必须考虑温度对掺杂的影响。

4. 实验和模拟

掺杂浓度的优化通常需要通过实验和模拟来进行。实验可以包括在太阳电池样品上进行掺杂浓度的变化，然后测量其性能。模拟则可以使用电子结构模型来研究不同掺杂浓度对电子–空穴分离效率的影响。这些方法可以帮助设计师找到最佳的掺杂浓度，以实现高效的电池性能。

（三）硅材料选择

在太阳电池的 P-N 结构中，硅材料的选择至关重要，因为不同类型的硅材料在 P-N 结构中表现出不同的特性。以下是关于硅材料选择的一些重要因素。

1. 单晶硅

单晶硅是高质量的硅材料，其晶体结构完全一致，几乎没有晶界或缺陷。这使得单晶硅的电子传导性能非常出色，有助于提高电子–空穴分离效率。单晶硅通常用于高性能的太阳电池，但成本较高。

2. 多晶硅

多晶硅是由多个小晶粒组成的硅材料，具有较低的成本。虽然其电子传导性能略低于单晶硅，但仍然适用于大多数太阳电池应用。多晶硅的制备成本较低，因此在大规模生产中应用较多。

3. 非晶硅

非晶硅是一种非晶态硅材料，其晶体结构较为无序。虽然非晶硅的电子传导性能相对较差，但它具有灵活性和轻量化的优势，适用于柔性太阳电池和特殊应用领域。

4. 硅合金

硅合金是硅与其他元素（如锗、锡等）组合而成的材料。硅合金通常用于多结太阳电池，其中不同材料的层叠形成多个 P-N 结构，以提高效率。

硅材料的选择通常是根据应用需求和成本因素来决定的。单晶硅提供了最佳的性能，但成本较高，适用于高性能要求的应用。多晶硅是最常见的选择，具有平衡的性能和成本。非晶硅适合特殊应用和柔性太阳电池。硅合金用于高效的多结太阳电池。因此，设计师必须根据具体需求来选择合适的硅材料，以实现最佳的 P-N 结构性能。

二、背面反射

背面反射是一种提高太阳电池效率的设计元素，通过在电池的背面应用反射层或反射器来增加光子的有效吸收并提高电流的产生。以下是背面反射在太阳电池中的作用和优化方式。

1. 光子吸收增强

在太阳电池中，光子吸收是将太阳能转化为电能的关键步骤。因此，提高光子吸收效率对于提高太阳电池的性能至关重要。一种常见的方法是通过在太阳电池的背面应用反射层来增加光子的有效吸收。

反射层通常由具有高反射率的材料制成，如金属或二氧化钛。这些材料具有反射光线的能力，使那些原本可能在第一次通过太阳电池时被反射或透射的光子，能够在多次反射后被吸收。

一方面，反射层可以增加太阳光的路径长度，增加了光子与太阳电池材料相互作用的机会。这意味着更多的光子有可能激发电子－空穴对，从而提高了电流的产生。

另一方面，反射层还可以减少光的透射。这意味着太阳光不会穿透太阳电池，而是在材料中被吸收，减少了光的浪费。

这种反射的方法在低光条件下尤其有效。在多云天气或清晨及傍晚时分，太阳光的强度较低，但通过反射层的多次反射，光子仍然有机会被吸收，从而维持电池的性能。

2. 材料选择

在选择反射层材料时，设计师需要精心考虑，因为材料的特性将直接影响到太阳电池的性能和效率。以下是一些关于材料选择的重要考虑因素。

（1）高反射率

高反射率是反射层材料的关键性能之一。在太阳电池中，目的是最大限度地提高光子的吸收率，以提高电池的效率。选择具有高反射率的材料意味着它可以有效地将光线反射回太阳电池，而不会损失太多的光能。这通常通过使用金属或二氧化铝等高反射率材料来实现。

金属反射层通常采用银或铝，它们具有卓越的反射性能，可以在可见光和红外光范围内实现高反射率。这使得光子能够多次被反射，增加它们被太阳电池吸收的机会。选择适当的金属材料和反射层设计是至关重要的，以实现最大程度的反射。

（2）长期稳定性

反射层必须在不同环境条件下保持稳定性，以确保太阳电池系统的长期性能。这包括在高温、低温、高湿度和极端气象条件下的稳定性。金属反射层通常通过涂覆保护性材料来提高其耐久性，以降低氧化或腐蚀的风险。这确保了反射层能够在多年的使用中保持其性能。

（3）光谱适应性

太阳光包含多个波长的光，因此选择的反射层材料必须具有适应多个波长的能力。这意味着反射层必须在可见光和红外光范围内都具有高反射率。可见光波长通常在 400～700 nm 范围内，而红外光包括更长波长的光线。因此，反射层必须设计能够有效反射较广波长范围内的光。

材料的光谱适应性是优化反射效果的关键因素。设计师必须考虑材料的光学特性，以确保它在较广的波长范围内表现出卓越的性能。

（4）材料成本

成本是太阳电池系统设计中不容忽视的因素。反射层材料的选择必须在经济上可行，以确保整个系统的成本是可承受的。金属反射层通常较昂贵，因此需要综合考虑成本和性能。可能需要进行成本效益分析，以确定最佳的材料选择。

（5）材料的可制备性

选择反射层材料时，还必须考虑其可制备性。这意味着材料必须容易获取、加工和应用。反射层的制备过程应与太阳电池的制造工艺相协调，以确保其能够在制造过程中高效且可靠地应用。复杂的制备过程可能会增加制造成本，降低系统的经济性。因此，可制备性是材料选择的关键考虑因素之一。

3. 反射器设计

反射器的设计和布局是太阳电池系统中的关键组成部分。它们的作用是增加光子的有效吸收，将光线聚焦到太阳电池板上，以提高电池的性能和效率。反射器可以采用不同的形状和材料，包括平面的反射器、透镜和反射器组，它们各自具有独特的特性和优势。

（1）平面反射器

平面反射器是一种简单而有效的反射器，通常由镜面或高反射率表面构成。它们的作用是反射光线并将光线引导到太阳电池板上。平面反射器通常用于集中式光伏系统，其中多个太阳电池板可以集中光线。它们的设计通常考虑了光线入射角和反射率，以确保最大程度地增加光子的吸收。

（2）透镜

透镜是一种光学元件，可以通过折射将光线聚焦到一个焦点上。在太阳电池系统中，透镜可以用于将光子集中到太阳电池板上，以增加吸收。透镜可以采用不同的形状和材料，以实现不同程度的光束聚焦。它们通常用于小型太阳能系统，如太阳能聚光器。

（3）反射器组

反射器组是由多个反射器构成的系统，旨在将光线聚焦到太阳电池板上。它们的设计通常更复杂，涉及多个反射器的协同工作。反射器组可以实现更大程度的光束聚焦，适用于高集中光伏系统。通过合理的反射器组设计，可以将光子更准确地引导到太阳电池板上，提高光电转化效率。

反射器的形状和位置必须根据太阳电池板的布局和光线入射角进行精确计算和测试。不同的系统可能需要不同类型的反射器，以实现最佳性能。设计师必须综合考虑光学特性、成本、可制备性和可维护性，以选择最合适的反射器设计。通过精心设计和布局，可以提高太阳电池系统的性能，使其在不同光照条件下都能高效发电。

第五节　组件设计

一、机械强度

高效晶硅太阳电池的机械强度在太阳能系统中起着至关重要的作用，这是因为太阳电池组件通常被安装在户外环境中，暴露于各种自然因素和气候条件下。电池组件的机械强度必须足够强大，以抵御风、雨、雪和冰雹等外部力量，确保它们能够长期高效运行。

机械强度的设计和考虑是高效晶硅太阳电池的关键组成部分，以下是一些重要的因素。

（一）材料选择

在高效晶硅太阳电池组件的设计中，材料选择是至关重要的。外部覆盖材料通常采用强化玻璃，这种材料具有出色的机械强度，能够抵抗外部压力和冲击。强化玻璃在太阳电池组件上的应用提供了多重好处。首先，它具有高透明性，有助于大量的太阳光线穿透并被太阳能电池吸收，提高了能源转换效率。其次，强化玻璃具有优异的抗风能力，能够承受风压，从而保护太阳电池板不受风力的影响。最后，它还具有抗紫外线辐射的特性，可以有效防止紫外线损害太阳电池组件。

此外，太阳电池组件的支撑结构和边框通常采用坚固的材料，如铝合金。铝合金具有轻量、高强度和耐腐蚀的特性，适合用于支持和固定太阳能电池板。这种材料的使用确保了电池板的机械稳定性，使其能够承受各种环境应力，如风荷载和自然环境因素。

（二）抗风性能

太阳电池组件通常被安装在户外，暴露于各种天气条件中，其中风是一种可能对组件造成机械应力的自然力量。因此，组件的设计必须考虑到不同地区的风荷载，以确保电池板能够在强风或风暴天气下保持稳定，故支架和支撑结构的强度非常关键。支架必须能够抵抗风力的作用，确保电池板不会被风吹倒。

抗风性能的设计包括了考虑风荷载的大小、方向和频率。一些地区可能经常遭受强风，因此组件的设计必须满足当地气象条件的要求。这通常需要使用坚固的支架结构，同时还需要适当的安装和固定方式，以确保组件能够稳固地固定在支撑结构上。

（三）抗雨、雪和冰雹

太阳电池组件也需要具备抵御降雨、积雪和冰雹的作用。在雨季或寒冷地区，组件的设计必须确保其不会渗水或受到雨水的侵蚀。此外，在积雪季节，组件必须能够承受积雪的重量，以避免变形或损坏。

冰雹也是一个需要考虑的因素，因为冰雹可能对组件造成严重的机械损害。因此，组件的设计必须确保它们具有足够的强度，能够抵抗冰雹的冲击，例如，在组件的外部覆盖材料上使用坚固的玻璃，以确保其不会被冰雹打碎。

（四）防尘和防污

在干燥或沙尘暴频繁的地区，防尘和防污也是高效晶硅太阳电池组件设计中的关键因素。尘埃和污物的积累可能会降低组件的透光性，减少太阳能的吸收，从而影响电池的性能。为了防止这种情况发生，以下是一些关于防尘和防污的方法。

1. 防尘涂层

一种常见的方法是在组件的外表面应用防尘涂层。这些涂层通常具有抗尘和抗粘附特性，可以防止尘埃和污物粘附在组件上。这有助于保持组件的透明度，确保太阳光能够顺畅进入。

2. 表面处理

组件的表面处理也可以采用特殊的方法，以增加其光滑度和抗粘附性。这些处理方法有助于防止尘埃、沙尘或其他颗粒物粘附在组件表面上。

3. 倾斜设计

设计组件的角度和倾斜度可以帮助减少尘埃和污物在表面上的积累。当组件有适度的倾斜度时，尘埃通常会在雨水或自然清洗的作用下被冲刷掉。

（五）抗冲击性

除了气候因素，太阳电池组件还必须具备抗冲击性，以应对意外事件，如枝条掉落、冲突或其他外部冲击。这需要确保电池板的外部覆盖材料和边框具有足够的抗冲击性能。以下是一些提高抗冲击性的方法。

1. 强化玻璃

组件的外部覆盖材料通常采用强化玻璃，这种玻璃具有较高的抗冲击性。它能够抵抗较小的冲击和冲突，保护太阳电池板内部的硅片。

2. 防震设计

组件的支架和支撑结构也可以进行设计，以提高其抗震能力。这有助于防止电池板在地震或其他外部振动事件中受到损坏。

3. 环境条件考虑

抗冲击性的设计还应考虑到当地的环境条件，包括可能发生的自然灾害或其他风险因素。这有助于确保组件在各种情况下都能保持机械稳定性。

（六）长期耐久性

太阳电池组件的设计必须考虑到长期的耐久性，以确保它们能够在多年的使用中能够保持机械稳定性和性能。这需要在材料的选择、结构的设计和制造过程中进行质量控制。经过长期的性能测试，以模拟不同气候条件和环境应力，有助于评估组件的寿命和稳定性。

长期耐久性的考虑包括了材料的老化特性、外部环境的影响、温度变化及紫外线辐射等因素。通过定期的维护和监测，可以确保组件在整个使用寿命内保持高效性能，同时降低维修和更换成本。

为了提高机械强度，通常采用强化玻璃作为太阳电池组件的外部覆盖材料。这种强化玻璃具有较高的耐力和抗冲击性，可以保护太阳电池免受外部损害。此外，组件的支撑结构和框架也必须具有足够的强度，以支撑太阳电池板的重量和抵抗外部力量的影响。

二、防水和防腐蚀

防水和防腐蚀性能在太阳电池组件的设计中至关重要，这是因为这些组件通常被安装在户外环境中，暴露于各种自然元素和气候条件下。以下是有关防水和防腐蚀的深入探讨。

（一）防水设计

太阳电池组件的防水设计是确保组件内部的电池和其他关键部件不

受水分侵入的关键因素。水分的渗透可能会导致电池内部短路或腐蚀，损害电池的性能和寿命。因此，防水设计十分重要，以下是一些用于确保防水性能的关键设计和工程措施。

1. 密封材料和接口

组件的各个部分和接口需要采用高质量的密封材料，如硅橡胶或氟橡胶密封圈，以确保无水分渗透。这些密封材料通常用于组件的边框、接线盒和连接器等关键部件。

2. 槽道和排水设计

组件的表面和边框通常设计成具有倾斜或凹凸的形状，以便水分流出。此外，组件底部通常设计有排水孔，以确保积聚的水分能够排出。这有助于防止水分在组件内部滞留。

3. 外部涂层

组件的外部覆盖材料通常采用防水的强化玻璃，这可以防止水分渗透到电池内部。强化玻璃通常经过特殊处理，以增加其防水性能。

4. 质量控制

在制造过程中，质量控制是确保组件防水性能的关键。必须确保所有组件的密封和接口都符合规范，以防止潜在的漏水问题。

（二）防腐蚀性能

防腐蚀性能是另一个关键因素，尤其是在潮湿和多雨的气候条件下。组件的外部涂层和材料必须能够抵抗腐蚀，以确保其长期稳定性。以下是一些提高防腐蚀的方法。

1. 外部涂层

组件的外部覆盖材料通常采用特殊的涂层或处理，以抵抗大气中的化学物质和盐分。这些涂层可以提供额外的保护，延长组件的寿命。

2. 材料选择

使用耐腐蚀性能高的材料对于组件的耐久性至关重要。铝合金是一种常用的材料，因为它具有较好的抗腐蚀性能。

3. 环境测试

组件的设计必须经过各种环境测试，以模拟潮湿、多雨、盐雾和其他可能引发腐蚀的条件。这些测试有助于评估组件的抗腐蚀性能。

4. 维护和清洁

定期的维护和清洁也有助于提高组件的防腐蚀性能。及时清洁和处理腐蚀迹象有助于延长组件的使用寿命。

三、背板和边框

太阳电池组件的背板和边框在整个结构中扮演着关键的角色，它们不仅提供支撑和保护，还影响着组件的整体稳定性和性能。以下是关于背板和边框设计的深入探讨。

（一）背板设计

背板是太阳电池组件的基础结构，通常由坚固、耐用的材料制成。它的主要功能包括以下几方面。

1. 机械支持

背板必须足够坚固，能够支撑太阳电池板的整体结构。一般来说，背板材料应具备较好的抗弯和抗压性能，以确保在不同气候条件下电池板都不会发生扭曲或弯曲。

2. 隔热和防潮

背板通常具有隔热和防潮的特性，这有助于防止热量在电池板内部滞留，并且减小水分渗透的风险。

3. 防火性能

背板的材料应具备一定的阻燃性能，以确保在意外火灾情况下，电池组件不会成为火源。

4. 质量控制

制造过程中的质量控制非常重要，以确保背板的坚固性和稳定性。这包括材料选择、生产工艺、结构设计等方面的严格把控。

（二）边框设计

边框位于太阳电池组件的外围，其主要功能包括以下几方面。

1. 保护边缘

边框的主要作用是保护太阳电池板的边缘免受损坏。它可以防止外部物体碰撞、冲击或其他意外因素造成的损害。

2. 固定和安装

边框通常具备固定和安装的功能，它们上面通常设有安装孔，便于组件的安装和固定。

3. 耐候性

边框材料必须具备良好的耐候性，能够抵御紫外线辐射、高温、寒冷和湿度等环境因素的影响，以确保长期使用稳定性。

4. 外观设计

边框的外观设计通常也被考虑进去，以确保其美观性，并且与整个太阳电池组件形成协调的整体外观。

在背板和边框的设计中，工程师们通常会选择合适的材料，例如，铝合金或者特殊塑料，这些材料具备足够的强度、耐腐蚀性和轻量性。同时，设计中还需要考虑组件的安装环境，例如，海边地区需要更强的耐腐蚀性，高风险地区需要更高的抗风能力。

四、安装和定位

太阳电池组件的安装和定位是太阳能系统的关键组成部分，它们对于实现最大的能源产出和系统效率至关重要。以下是有关安装和定位的深入探讨。

（一）位置选择和定位

1. 日照和角度

在选择电池板的位置时，最重要的因素之一是确保其能够获得充足的日照。组件的位置通常应朝向太阳，以最大程度地吸收太阳光。此外，电池板的倾斜角度也是关键因素。在不同地区，倾斜角度的最佳选择可能会有所不同，通常需要根据当地的纬度来调整。合适的角度有助于最大限度地提高能源产出。

2. 避免阴影

组件的安装位置还应避免阴影区域。即使是小面积的阴影也会显著减少电池板的能量产出。因此，在选择安装位置时，应仔细考虑可能的阴影来源，如建筑物、树木、杆子等，以避免它们对电池板的遮挡。

3. 定期清洁

定期清洁电池板表面是确保其获得最佳性能的关键。尘埃、污垢和鸟粪等物质可能会积聚在组件表面，降低光的透射，从而降低能源产出。因此，清洁是保持组件性能的必要步骤。

（二）支架和安装夹具

1. 支架结构

支架结构通常用于支持和固定电池板的安装。它们必须具备足够的强度，以承受电池板的重量和外部环境因素，如风和雨。支架结构通常采用铝合金等材料，这些材料具有轻量、高强度和耐腐蚀性能。

2. 倾斜和旋转

一些太阳能系统设计包括可调节的支架结构，允许电池板进行倾斜或旋转，以根据季节或太阳高度调整最佳角度。这有助于最大化日照并提高系统效率。

3. 安装夹具

安装夹具用于将电池板固定在支架上。这些夹具通常具备耐候性和抗腐蚀性能，以确保它们在不同气候条件下保持可靠。

4. 安全性

安装系统还必须考虑到安全性。安装人员必须采取适当的措施，如穿戴安全设备和遵守安全规范，以确保安全。

（三）电池板组串和布局

1. 电池板组串

在太阳能系统中，通常将多块电池板组成串联或并联以形成电池组串。组串的方式可以根据系统的电压和电流要求来选择。串联电池板可以提高系统电压，而并联电池板可以提高系统电流。

2. 布局

电池板的布局是提高系统效率的关键因素。布局时需要考虑空间利用率，以确保电池板之间的间隔不会过大，从而最大限度地提高光的吸收。合理的布局还应考虑通风，以帮助降低电池板温度，从而提高其性能。

（四）维护和监测

1. 定期检查

定期检查系统的安装位置和定位，以确保没有损坏或松动的部件。此外，定期检查电池板的清洁程度也很重要。

2. 监测性能

太阳能系统通常配备监测设备，以实时监测电池板的性能。这些数据可以用于识别任何问题或损坏，以及确定是否需要进一步的维护。

五、长期性能

高效晶硅太阳电池组件的长期性能是确保太阳能系统的可持续运行和实现长期投资回报的关键因素。为了满足用户的需求，太阳电池组件的设计和制造必须经过长期性能测试，以确保其在多年使用后仍然具有高效的性能。以下是有关长期性能的深入探讨。

（一）性能测试

1. 模拟不同气候条件

长期性能测试涉及模拟不同气候条件下的组件性能。这包括高温、低温、高湿度、低湿度等各种气象条件。通过控制实验室环境，可以评估其在不同环境中的表现。

2. 光照条件

光照条件也是一个关键的测试参数。组件在不同光照强度和光谱下的性能表现需要进行评估。这有助于确定在不同地理位置和季节下的电池板的能量产出。

3. 电性能

电性能测试涵盖了组件的电流输出、电压输出、电功率输出和效率等参数。这些测试有助于确保组件在多年使用后仍能提供一致的电能输出。

4. 机械性能

机械性能测试包括组件的抗风能力、抗冲击性能和外部力量作用下的表现。这可以帮助确定组件在恶劣天气或意外事件中的稳定性。

（二）老化和寿命测试

1. 材料老化

材料的老化是长期性能测试的一部分，它涉及将组件暴露在高温、紫外线和潮湿等环境条件下。通过模拟这些条件，可以评估组件材料的稳定性和寿命。

2. 系统寿命

这种测试旨在确定整个太阳能系统的寿命，包括电池板、支架、电缆和连接器等所有组件。通过对这些组件的性能进行长期测试，可以确定系统的使用寿命和可靠性。

3. 可靠性测试

可靠性测试是通过模拟多年使用中的环境应力和机械应力来评估组件的可靠性。这有助于确定组件在使用寿命内是否能够保持性能。

（三）质量控制和认证

1. 质量控制

制造过程中的质量控制非常重要。组件制造商必须确保材料选择、生产工艺、结构设计等方面都符合质量标准。这有助于确保组件能够达到预期的性能和寿命。

2. 认证

组件制造商通常会寻求相关机构的认证，以证明其产品符合国际标准和性能要求。认证可以增加客户对产品质量和性能的信心。

高效晶硅太阳电池的设计是一个综合性的工程，需要工程师和设计师综合考虑多个因素，以确保电池系统能够在不同环境条件下实现最佳性能。通过优化材料、光学、电学、掺杂和组件设计，可以提高太阳电池系统的效率，从而更有效地捕获太阳能并减少对传统能源的依赖。这有助于推动清洁能源的发展，减轻对环境的影响，为可持续发展做出贡献。

第七章
高效晶硅太阳电池测试

第一节　测试分析技术

高效晶硅太阳电池的性能评估和优化需要使用各种测试分析技术，以确保其设计和制造的质量。以下是一些常见的测试分析技术，用于评估晶硅太阳电池的性能和可靠性。

一、光谱响应测试

光谱响应测试是太阳电池性能评估和优化中的重要环节，它能够让科研人员、工程师和制造商深入了解太阳电池对不同波长和光强的光子的响应。这个过程提供了关于太阳电池的光电转换效率及在不同光谱条件下性能表现的宝贵信息。本节将探讨光谱响应测试的原理、意义及在太阳能领域中的应用。

（一）光谱响应测试原理

光谱响应测试的核心原理涉及将不同波长的光照射到太阳电池上，然后测量太阳电池对这些光的响应。这是通过创建一个测试系统来实现的，其中包括一个白光光源和一系列可调节的波长滤波器。白光光源发出全波段的可见光和一部分红外光，而滤波器则允许特定波长范围的光通过，以模拟不同波长的太阳光。

一旦特定波长的光照射到太阳电池表面，电池会吸收这些光子，并将它们转化为电流。这个电流是与光子的能量成比例的，因此不同波长的光子会在电池中产生不同的电流响应。通过测量电流的大小，可以了解太阳电池对不同波长的光的响应情况。

（二）测试过程

在进行光谱响应测试时，通常会按照以下步骤进行。

1. 准备测试系统

建立一个测试系统，其中包括光源、滤波器、光束分束器和检测器。这些组件协同工作，以确保精确的波长选择和光强度控制。

2. 选择波长

通过调整滤波器，选择要测试的特定波长范围。可以测试的波长范围通常从紫外线到可见光再到红外光。

3. 照射太阳电池

将所选波长范围的光照射到太阳电池表面。这可以通过将光束聚焦到电池上来实现。

4. 测量电流

在光照射期间，使用检测器来测量电池产生的电流。这个电流是由光子的能量驱动的。

5. 建立光谱响应曲线

通过不断更改波长和测量相应的电流，可以建立光谱响应曲线。这个曲线显示了太阳电池对不同波长的光的响应程度。

6. 分析和解释结果

一旦获得光谱响应曲线，可以对结果进行分析，了解太阳电池在不同波长下的性能。这些结果可以用于优化太阳电池的设计、选择适合特定应用的太阳电池，并评估太阳能系统的性能。

（三）光谱响应测试的意义

光谱响应测试的意义在于它提供了深入了解太阳电池性能的机会，特别是在不同光谱条件下的性能。以下是一些关键意义。

1. 性能评估

通过测量太阳电池在各个波长下的光响应，可以确定其光电转换效率。这有助于评估太阳电池的整体性能。

2. 波段特性

不同类型的太阳电池对不同波段的光有不同的响应。光谱响应测试让我们了解了特定类型的太阳电池在特定波段下的性能，这对于优化太阳能系统至关重要。

3. 优化设计

通过分析光谱响应曲线，工程师可以确定如何改进太阳电池的设计以提高性能。这可能包括选择更适合的材料或结构。

4. 应用选择

不同应用需要不同类型的太阳电池。通过了解太阳电池在不同光谱条件下的性能，可以选择最适合特定应用的太阳电池。

5. 性能监测

光谱响应测试还可用于监测太阳电池的长期性能。通过定期测试，可以检测太阳电池是否出现性能下降或故障。

（四）在太阳能领域的应用

光谱响应测试在太阳能领域中具有广泛的应用。以下是一些主要应用领域。

1. 太阳电池研发

在太阳电池研发过程中，光谱响应测试用于评估不同类型和材料的太阳电池的性能。这有助于研究人员选择最适合其特定项目的太阳电池。

2. 太阳能系统设计

在太阳能系统设计中，了解太阳电池在不同光谱条件下的性能对于确定最佳系统配置至关重要。这包括在不同地理位置、季节和气象条件下的性能。

3. 性能评估

在太阳能系统的运行中，光谱响应测试可用于监测太阳电池的性能。这有助于及时检测潜在问题并采取必要的维护措施。

4. 市场对比

太阳电池制造商可以使用光谱响应测试来比较其产品与竞争对手的产品的性能。这有助于制定市场营销策略和确定竞争优势。

5. 教育和研究

在太阳能领域的教育和研究中，光谱响应测试是一种重要的教学工具和研究方法，用于培养下一代太阳能专家和推动科学发展。

二、电流–电压曲线测试

电流–电压曲线测试（I-U 曲线测试），是太阳电池性能评估和优化的重要环节。这一测试过程有助于工程师和研究人员了解太阳电池在不同电压和电流条件下的性能，帮助优化太阳电池组件的设计和运行，从而提高太阳能系统的效率。以下深入探讨电流–电压曲线测试的原理、重要性及在太阳能领域中的应用。

（一）电流–电压曲线测试原理

电流–电压曲线测试的核心原理是测量太阳电池在不同电压和电流条件下的性能响应。这是通过创建一个测试系统来实现的，其中包括一个可变电压源、电流测量仪和负载电阻。测试系统通常在室内环境下进行，使用模拟太阳光的光源，以确保测试的准确性。

测试开始时，可变电压源会逐渐改变电压，然后测量电流的大小。这是通过负载电阻上的电流测量仪来完成的。通过改变电压并测量相应的电流，可以建立电流－电压曲线（I-U 曲线）。

I-U 曲线显示了太阳电池在不同电压下的电流响应。通常，I-U 曲线呈现出一个典型的特征，其中包括一个开路电压（V_{oc}）、一个最大功率点和一个短路电流（I_{sc}）。这些参数对于太阳电池性能的评估至关重要。

（二）测试过程

进行电流－电压曲线测试时，通常按照以下步骤进行。

1. 准备测试系统

建立一个测试系统，其中包括可变电压源、电流测量仪、负载电阻和光源模拟器。确保系统的准确性和可控性。

2. 应用光照

如果测试在实验室环境中进行，光源模拟器会模拟太阳光的光照，以确保太阳电池处于充分光照的条件下。

3. 逐渐改变电压

可变电压源逐渐改变电压，从零开始，然后逐渐增加。在每个电压值下，测量相应的电流值。

4. 建立 I-U 曲线

通过绘制电流－电压曲线，可以将所测得的数据可视化。这个曲线通常包括 I-U 坐标轴，其中 I 代表电流，U 代表电压。曲线上的关键点如 V_{oc}、I_{sc} 和 MPP 可以用于性能评估。

5. 分析和解释结果

一旦建立了 I-U 曲线，可以通过分析结果来评估太阳电池的性能。这包括了解开路电压、最大功率点、短路电流等参数。

（三）电流－电压曲线的重要性

电流－电压曲线对于太阳电池的性能评估和系统优化至关重要，具有多方面的重要性，具体如下。

1. 性能评估

通过分析 I-U 曲线，可以评估太阳电池在实际应用中的性能。特别是 *MPP*，它表示太阳电池在最大功率点下的性能，这是确定其性能优劣的关键指标。

2. 系统设计和优化

电流–电压曲线可用于优化太阳能系统的设计。根据最大功率点的位置，可以调整系统组件和配置以提高能量产出。

3. 故障检测

I-U 曲线还可以用于检测太阳电池组件的故障。如果曲线显示异常或非典型的形状，这可能意味着太阳电池存在问题，需要进行维护或更换。

4. 持续监测

在太阳能系统的运行中，定期进行电流–电压曲线有助于监测太阳电池的性能。这可以提前发现潜在问题，减少系统维护和修复成本。

5. 产品比较

电流–电压曲线可用于比较不同制造商和型号的太阳电池。这有助于制定购买和投资决策，以选择最适合特定应用的太阳电池。

（四）在太阳能领域的应用

电流–电压曲线测试在太阳能领域中具有广泛的应用。以下是一些主要应用领域。

1. 太阳电池研发

在太阳电池研发中，电流–电压曲线用于评估不同类型和材料的太阳电池性能。这有助于研究人员选择最适合其特定项目的太阳电池。

2. 太阳能系统设计

在太阳能系统设计中，了解太阳电池在不同电压和电流条件下的性能对于确定最佳系统配置至关重要。这包括在不同地理位置、季节和气象条件下的性能。

3. 性能评估

在太阳能系统的运行中，电流 – 电压曲线可用于监测太阳电池的性能。这有助于及时检测潜在问题并采取必要的维护措施。

4. 市场对比

太阳电池制造商可以使用电流 – 电压曲线来比较其产品与竞争对手的产品之间的性能。这有助于制定市场营销策略和确定竞争优势。

5. 教育和研究

在太阳能领域的教育和研究中，电流 – 电压曲线测试是一种重要的教学工具和研究方法，用于培养下一代太阳能专家和推动科学发展。

三、热图像测试

热图像测试是太阳电池板性能评估的关键步骤之一，它采用红外相机等热成像设备来测量太阳电池板表面的温度分布。这一测试方法在太阳能领域中扮演着重要的角色，有助于识别潜在的问题，改进系统设计，提高能源产出，并确保电池板的可靠性和持久性。以下将深入探讨热图像测试的原理、应用和意义。

（一）热图像测试的原理

热图像测试的原理基于红外热辐射。根据斯特蒙 – 玻尔兹曼定律，所有物体都会辐射热能，其辐射强度与其绝对温度成正比。太阳电池板也不例外，其表面温度决定了其红外辐射的强度。

热图像测试使用热成像仪器（通常是红外相机）来捕捉太阳电池板表面的红外热辐射图像。这些相机能够将热辐射信息转换为可见图像，其中不同颜色代表不同温度。因此，可以获得太阳电池板表面的温度分布图像。

通过热图像测试，可以获得以下信息。

1. 温度分布

测试可以显示太阳电池板表面的温度分布情况。这有助于识别是否存在温度不均匀的问题，以及是否有热点（温度过高的区域）存在。

2. 热梯度

热图像还显示出太阳电池板表面的温度梯度。这有助于了解温度变化的速率，特别是在日出、日落或多云天气下。

3. 热点

通过检测温度异常升高的区域，可以发现热点问题。热点是指电池板上温度远远高于周围区域的区域，通常表明某些组件存在问题。

4. 夜间辐射

热图像测试还可以用于检测夜间电池板的辐射热。在夜间，太阳电池板会辐射热能，这可以影响电池板的性能。

（二）应用领域

热图像测试在太阳能领域中具有广泛的应用，包括但不限于以下几方面。

1. 性能评估

通过热图像测试，可以评估太阳电池板的热性能。这有助于了解在不同温度条件下电池板的效率和性能。

2. 故障检测

热图像测试可以用于检测太阳电池板的故障或问题。特别是在电池板出现热点问题时，这种测试方法非常有用。

3. 系统设计和优化

热图像测试结果有助于改进太阳能系统的设计，包括支架、散热系统和组件布局。通过优化这些方面，可以降低热点问题的风险。

4. 监测和维护

太阳能系统的定期监测和维护是确保长期性能的关键。通过热图像测试，可以提前发现潜在的问题，采取必要的措施，从而延长系统的寿命。

（三）热图像测试的意义

热图像测试在太阳能行业中具有重要的意义。它有助于提高系统性能、减少故障和维护成本，并增加系统的可靠性。具体来说，热图像测试的意义包括以下几点。

1. 性能提升

通过优化系统设计，确保太阳电池板表面温度均匀分布，可以提高系统的性能和效率。这有助于最大程度地利用太阳能资源。

2. 故障检测

热图像测试有助于及早检测并解决潜在的故障和问题，如热点、组件损坏或连接故障。这可以减少停工时间和维修成本。

3. 安全性

热图像测试还有助于确保系统的安全性。通过监测温度，可以防止过热引发的火灾风险。

4. 投资保护

太阳能系统是重要的投资，而热图像测试有助于延长系统的寿命，保护投资并降低运营成本。

四、量子效率测试

太阳电池是一种将太阳能转化为电能的装置，其性能的关键部分之一是量子效率。量子效率是一种测量太阳电池对不同波长的光子吸收效率的重要参数。通过了解量子效率，可以更好地理解太阳电池在不同光谱条件下的性能，从而有助于改进太阳电池技术、提高效率，并推动清洁能源的发展。

（一）量子效率的基本原理

量子效率是一个描述太阳电池吸收光子效率的参数。在太阳电池中，当光子被吸收后，它们会激发电子，从而产生电流。不同波长的光子对电池的激发效率不同，这就是量子效率的重要性所在。

太阳电池的量子效率是通过测量在不同波长下电池的电流响应来确定的。这一测量过程涉及使用光源以不同波长的光子照射太阳电池，并测量在每种波长下产生的电流。通过比较不同波长下的电流产生情况，就可以得出太阳电池的量子效率。

（二）应用领域

量子效率测试在太阳电池领域有广泛的应用，包括但不限于以下应用。

1. 性能评估

量子效率测试可用于评估太阳电池的性能，特别是在不同光谱条件下的效率。这有助于确定太阳电池在实际使用中的性能表现。

2. 材料研究

对于研究新材料的可用性和性能，量子效率测试是一种关键工具。它可以帮助科学家了解不同材料对不同波长光子的吸收效率，从而优化材料设计。

3. 太阳电池设计

在设计太阳电池时，了解其在不同光谱条件下的性能非常重要。通过量子效率测试，设计师可以选择最适合其应用的太阳电池类型和材料。

4. 研发和生产控制

太阳电池制造商使用量子效率测试来监控生产过程，并确保产品符合规格。这有助于提高电池的质量和一致性。

（三）量子效率测试的意义

量子效率测试对太阳能领域具有重要意义。它有助于改进太阳电池的性能、提高效率，并推动清洁能源技术的发展。具体来说，量子效率测试的意义包括以下方面。

1. 性能优化

通过了解太阳电池在不同光谱条件下的性能，可以进行有针对性的优化，以提高太阳电池的效率。

2. 材料创新

对不同材料的量子效率进行测试有助于发现新的材料，并改进现有材料的性能。

3. 可持续发展

太阳电池是清洁能源的核心技术之一，通过提高太阳电池的效率，可以更好地满足能源需求，减少对化石燃料的依赖，降低温室气体排放。

4. 质量控制

在太阳电池制造中，量子效率测试可以用于监测和控制生产过程，确保产品质量。

五、反射率测试

反射率测试是太阳电池领域的一项重要技术，用于评估太阳电池板表面的反射特性。太阳电池板的表面反射率是指光子射入表面后反射回空气的比例。这一参数对于太阳电池的性能至关重要，因为它直接影响到光子在太阳电池中的吸收效率。

（一）反射率测试的基本原理

反射率测试的基本原理是通过测量光子在太阳电池板表面的反射率来确定光子的吸收率。光子在太阳电池板表面的反射率通常取决于表面的材料和质量。不同的材料和质量会对光子的反射产生不同程度的影响。因此，通过反射率测试，可以评估太阳电池板表面的反射性能，并进一步改进其设计以提高太阳电池的效率。

（二）应用领域

反射率测试在太阳电池领域有广泛的应用，包括但不限于以下应用。

1. 性能优化

通过了解太阳电池板表面的反射率，设计师可以选择适当的涂层和反射层，以最大程度地减少光子的反射，从而提高电池的效率。

2. 材料研究

对不同材料和涂层的反射率进行测试有助于研究新的表面处理方法，以提升太阳电池板的性能。

3. 太阳电池设计

在太阳电池设计中，了解表面反射率非常重要。这有助于选择适当的材料和技术，以确保光子能够充分被吸收。

4. 生产控制

太阳电池制造商使用反射率测试来监控生产过程，确保产品符合规格，以提高电池的质量和一致性。

（三）反射率测试的意义

表面反射率对太阳电池性能的影响非常显著。其重要性体现在以下几个方面。

1. 效率提高

通过降低表面反射，可以增加太阳电池吸收的光子数量，提高光电转换效率。

2. 节约成本

提高电池的效率可以减少太阳电池组件的数量，从而降低系统的总成本。

3. 环境友好

太阳电池的效率提高有助于减少对化石燃料的需求，减少温室气体排放，促进清洁能源的可持续发展。

4. 可持续性

通过改进太阳电池的设计，可以更好地利用太阳能资源，提高可再生能源的利用率，推动可持续发展。

六、激光束诊断

激光束诊断技术，作为太阳电池研究领域的重要工具，发挥着关键的作用。这种技术通过利用激光的特性，能够深入研究太阳电池中电子和空穴的行为，为提高太阳电池的效率和性能提供了有力支持。下面将详细介绍激光束诊断技术的原理、应用和重要性。

（一）原理及工作原理

激光束诊断技术的核心原理是利用激光的单色性和定向性来探测太阳电池中电子和空穴的行为。具体来说，激光束通过聚焦在太阳电池的表面，光子与材料中的电子和空穴发生相互作用，这些相互作用包括吸收、复合和散射等。通过分析激光束经过样品后的特性，可以推断出太阳电池中电子和空穴的扩散长度、复合速率及其他重要参数。

在实际应用中，通常使用激光束进行不同类型的测量，具体如下。

1. 时间分辨光致发光测量

这种测量方法通过短脉冲的激光光源来激发样品，并测量样品发出的荧光信号。这有助于研究电子和空穴的寿命，以及载流子在太阳电池中的行为。

2. 光电子发射谱（PES）

PES 是通过用激光光子轰击材料，使其发射光电子，从而分析材料的电子结构和能级分布。

3. 拉曼光谱

拉曼光谱使用激光散射光子与样品中的振动模式相互作用来分析材料的晶格结构和性质。

4. 吸收光谱

激光吸收光谱用于分析太阳电池的吸收光谱，以了解材料的光学性质。

（二）应用领域

激光束诊断技术在太阳电池研究中有广泛的应用，包括但不限于以下方面。

1. 电子和空穴的扩散长度和寿命测量

通过激光束诊断技术，研究人员可以确定电子和空穴在太阳电池中的扩散长度和寿命，这有助于优化材料和结构设计，提高电池的效率。

2. 载流子复合速率测量

了解电子和空穴的复合速率对于研究电池的性能至关重要。激光束诊断技术可用于测量复合速率，帮助改进电池的制造工艺。

3. 材料特性分析

激光束诊断技术可用于分析材料的电子结构、晶格结构和光学性质，有助于开发新型材料，提高太阳电池的性能。

4. 太阳电池设计

通过了解太阳电池中电子和空穴的行为，设计师可以选择合适的材料和结构，以确保电池的性能最大化。

（三）重要性

激光束诊断技术的重要性在于它能够提供详细的电子和空穴行为数据，这有助于科学家和工程师更好地理解太阳电池的工作原理，进而改进设计和制造过程。通过优化材料、提高效率和减少损耗，激光束诊断技术有助于推动太阳电池技术的发展，为清洁能源的可持续利用提供了有力支持。

七、表面缺陷检测

表面缺陷检测技术在太阳电池产业中扮演着至关重要的角色。太阳电池板的表面质量直接影响其性能和寿命。因此，及早发现和修复表面缺陷对确保太阳电池系统的可靠运行和长期性能至关重要。

（一）表面缺陷的种类

太阳电池板的表面缺陷可以是多种类型，包括但不限于以下几种。

1. 裂缝和裂纹

太阳电池板表面上的线状或点状裂缝，通常是由于机械应力、温度变化或制造过程中的问题引起的。

2. 污垢和尘埃

表面上的污垢和尘埃可以降低太阳电池板的透光性，从而降低其光电转换效率。

3. 氧化和腐蚀

在恶劣的气象条件下，太阳电池板表面可能会被氧化或腐蚀，这会影响其性能。

4. 划痕和刻痕

表面上的划痕和刻痕可能会导致局部反射或损坏，影响光的吸收。

（二）表面缺陷检测技术

为了检测并识别这些表面缺陷，太阳电池行业采用了多种表面缺陷检测技术，具体如下。

1. 视觉检测

这是最基本的检测方法，通常涉及人工视觉检查太阳电池板表面。虽然这种方法可以快速发现明显的缺陷，但对于微小或隐形的缺陷不够敏感。

2. 高分辨率成像

利用高分辨率成像设备，如显微镜、红外相机和高分辨率摄像机，可以更精确地检测和分析表面缺陷。

3. 光谱成像

通过检测不同波长的光来识别和分析表面缺陷。这种方法可以帮助区分不同类型的缺陷。

4. 激光扫描

激光扫描技术可以用来精确测量太阳电池板表面的高度和形状，从而检测凹坑、突起或裂缝等缺陷。

5. 超声波检测

超声波技术可以用于检测太阳电池板内部的裂缝或腐蚀，特别是在玻璃和背板之间的接口处。

6. 热成像

通过测量太阳电池板表面的温度分布，可以检测到表面缺陷，因为缺陷区域通常会产生热点。

（三）重要性和应用

表面缺陷检测技术的重要性不言而喻。如果不及早发现和处理表面缺陷，它们可能会导致太阳电池板性能下降，甚至完全损坏。这不仅会影响太阳电池系统的电能产出，还会增加维护和更换成本。

这些技术的应用不仅限于生产阶段，还包括太阳电池系统的运营和维护。通过定期的检测和维护，可以确保太阳电池系统在其整个寿命内保持高效和可靠。

八、化学分析

化学分析在太阳电池技术中扮演着至关重要的角色，它有助于确保太阳电池的材料质量、纯度和一致性。太阳电池的性能和可靠性高度依赖于材料的质量，而化学分析是一种关键工具，用于验证和维持材料的品质。

（一）化学分析的目的

化学分析旨在解析太阳电池的材料成分和杂质含量，这可以实现以下目标。

1. 确保材料纯度

太阳电池的材料必须具有高度的纯度，以确保其电学性能和稳定性。化学分析可用于验证材料的纯度，确保没有不良杂质或杂质浓度在可接受范围内。

2. 材料一致性

太阳电池组件通常由多个太阳电池片组成。化学分析可以确保每块太阳电池片的材料成分一致，以防止不一致性导致性能不稳定。

3. 材料特性分析

不同类型的太阳电池需要不同的材料，如硅、多晶硅、硒化铜镉等。化学分析有助于确定材料的特性，以确保其适用于特定类型的太阳电池。

4. 杂质检测

化学分析可以检测和识别杂质的存在，这些杂质可能对太阳电池的性能产生负面影响。杂质的存在可能是由于制造过程中的污染或原材料质量问题引起的。

（二）常见的化学分析技术

为了实现上述目标，太阳电池行业使用多种化学分析技术，具体如下。

1. 质谱分析

质谱分析可用于确定物质的分子结构和成分。这种技术在材料识别和杂质检测方面非常有用。

2. 光谱分析

光谱分析使用不同波长的光来测量物质的吸收和发射特性，有助于识别和分析材料的成分。

3. 质量分析

质量分析技术可用于测量物质的质量和质量分布，从而确定其纯度和杂质含量。

4. 化学成分分析

这包括分析材料的元素和化合物成分，通常使用各种分析仪器，如X射线光谱仪、原子吸收光谱仪等。

5. 核磁共振（NMR）

NMR技术用于确定分子的结构和组成，对于有机太阳电池材料的研究非常有用。

（三）应用领域

化学分析技术在太阳电池领域中的应用非常广泛。这些技术不仅用于研究和开发新型太阳电池材料，还用于质量控制、制造工艺改进和太阳电池组件性能评估。

在研发新材料方面，化学分析可帮助科学家理解材料的性质、相互作用和优化材料设计。在制造过程中，它可以用于监测和控制材料的质量，确保每块太阳电池板都具有一致的性能。在太阳电池组件的性能评估中，化学分析用于识别可能导致性能下降的材料问题或杂质。

第二节　硅晶体结构测试

高效晶硅太阳电池的性能直接取决于硅晶体的结构和纯度。因此，进行硅晶体结构测试是确保太阳电池性能的关键步骤。以下是一些常见的硅晶体结构测试方法。

一、X射线衍射

X射线衍射技术是一种重要的分析工具，广泛应用于材料科学和太阳电池领域，以研究晶体结构和晶格参数。在太阳电池的开发和生产中，了解硅晶体的晶体结构对于优化材料性能至关重要。以下是关于X射线衍射技术的详细信息，以及它在太阳电池领域中的应用。

（一）X 射线衍射原理

X 射线衍射是一种材料表征技术，利用 X 射线波动性质和物质晶体结构的相互作用来分析晶体的结构。当 X 射线入射到晶体上时，它会与晶体的原子排列相互作用，导致 X 射线被散射。这些散射 X 射线的角度和强度与晶体的晶格参数和结晶质量有关。

X 射线衍射实验通常使用 X 射线管产生 X 射线，这些 X 射线通过晶体样品后，被椭圆形的探测器捕获。通过测量不同的散射角度和强度，可以得出样品的结构。

（二）硅晶体的结构分析

在太阳电池领域，硅是一种主要的材料，因为它具有良好的半导体特性。硅材料的性能直接受其晶体结构的影响，因此 X 射线衍射技术对于分析硅晶体的晶格参数和结构非常有价值。以下是 X 射线衍射在硅晶体分析中的应用。

1. 结晶质量评估

X 射线衍射可以用来评估硅晶体的结晶质量。较好的结晶质量通常表现为清晰的 X 射线衍射图案，而低质量的晶体可能表现出模糊或弱的衍射峰。

2. 晶格参数测量

通过分析 X 射线衍射图案，可以确定硅晶体的晶格参数，包括晶格常数和结构。这些参数对于了解硅材料的电学性能非常重要。

3. 杂质检测

X 射线衍射还可用于检测硅晶体中的杂质或缺陷。杂质或缺陷会导致 X 射线衍射图案中出现异常的峰或形状，从而提供杂质含量的信息。

4. 晶格定向

太阳电池通常使用取向合适的硅晶体。X 射线衍射可用于确定晶体的取向，并帮助选择适用于太阳电池的最佳晶体材料。

二、电子显微镜

电子显微镜（TEM）是一种高级的显微镜技术，它使用电子束而不是可见光来观察样品，可以提供出色的分辨率和详细的微观结构信息。在太阳电池领域，TEM 是一项重要的工具，用于研究硅晶体的微观结构，包括晶粒大小、晶界、缺陷和杂质。以下是有关 TEM 的详细信息及其在太阳电池领域的应用。

（一）电子显微镜原理

TEM 的基本原理涉及将电子束通过样品，然后收集经过样品的电子束，通过形成高分辨率图像来观察样品的微观结构。TEM 使用电子束的波动性质来突破可见光显微镜的分辨率限制，因此能够揭示细微结构的细节。

TEM 包括以下主要组件。

① 电子源：产生电子束的部分。

② 减速器：加速和聚焦电子束，使其通过样品。

③ 样品台：支持待观察的样品，通常是极薄的切片。

④ 透镜系统：控制电子束的焦点和聚焦。

⑤ 检测系统：收集经过样品的电子束，生成图像。

（二）应用于硅晶体的结构分析

在太阳电池领域，TEM 被广泛用于分析硅晶体的微观结构，因为硅是最常用的太阳电池材料之一。以下是 TEM 在硅晶体结构分析中的应用。

1. 晶粒大小分析

TEM 可以用来测量硅晶体中晶粒的大小。晶粒的大小对硅的电学性能和载流子传输起着重要作用。通过观察晶体的微观结构，可以了解晶粒的分布和尺寸。

2. 晶界研究

硅晶体中的晶界是晶格中两个不同晶粒相遇的地方。TEM 可用于研究晶界的性质，包括晶界的类型、位错密度和化学成分。这对于了解硅材料的电子传输和导电性非常重要。

3. 缺陷分析

TEM 可以用于检测和分析硅晶体中的缺陷，如位错、空位和间隙。这些缺陷可能对硅的电学性能产生重大影响，因此了解其性质和分布至关重要。

4. 杂质分析

TEM 可用于确定硅晶体中的杂质分布和类型。杂质可以影响硅的电学性能和能带结构，因此对于太阳电池材料来说，了解杂质的分布和浓度非常重要。

三、拉曼光谱

拉曼光谱技术是一种非常有用的分析工具，它用于研究材料的振动模式，从而提供了有关其晶格结构和化学组成的重要信息。在太阳电池领域，拉曼光谱技术对于分析硅晶体非常有帮助，深入探讨拉曼光谱技术的原理、应用和在太阳电池研究中的重要性。

（一）拉曼光谱原理

拉曼光谱是基于拉曼散射效应。当光子与物质相互作用时，它们的能量可以被物质在振动模式下吸收或散射。这个散射过程会导致入射光子的波长发生变化，这种波长变化通常称为拉曼位移。通过测量拉曼位移，可以获得关于物质的结构、晶格振动和分子振动的信息。

（二）拉曼光谱应用

拉曼光谱技术在许多领域都有广泛的应用，包括材料科学、化学、生物学和纳米科学。在太阳电池领域，拉曼光谱具有以下应用。

1. 硅晶体分析

硅是太阳电池中最常用的半导体材料之一。拉曼光谱可用于分析硅晶体的振动模式，从而提供有关硅的晶体结构和纯度的信息。这对于评估硅晶体的质量和一致性非常重要。

2. 硅表面分析

拉曼光谱还可用于分析硅表面的化学组成。通过检测表面上的拉曼信号，可以确定表面是否受到氧化、污染或其他改变的影响。这对于确保硅晶体的表面质量至关重要。

3. 太阳电池材料研究

在研究和开发新型太阳电池材料时，拉曼光谱技术可以用于分析这些材料的振动模式和结构。这有助于了解新材料的性质，以及如何改进它们以提高太阳电池的性能。

4. 质量控制和质量保证

在太阳电池制造中，拉曼光谱可用于质量控制和质量保证。制造商可以使用这项技术来检查所生产的硅晶片的质量，以确保其满足规格。

（三）拉曼光谱的重要性

拉曼光谱技术在太阳电池领域具有重要的作用。它能够提供有关硅晶体的结构、晶格振动和纯度的信息，这些信息对于优化太阳电池的设计和性能至关重要。通过分析拉曼光谱数据，研究人员和制造商可以更好地了解所使用的硅材料特性，并采取措施以改善其质量和一致性。

四、热扩散测试

热扩散测试是在太阳电池工业和研究中广泛应用的一项技术，用于测量硅晶体中杂质的扩散深度和浓度分布。这一技术对太阳能电池的性能和效率具有重要影响，因为它能够帮助科学家和工程师更好地了解硅晶体杂质的行为，从而改善材料和工艺的设计。

（一）热扩散测试原理

热扩散测试是基于固体材料中杂质扩散的物理原理。当硅晶体与含有特定杂质的气体或固体接触并暴露于高温环境时，杂质原子会扩散到硅晶体的晶格中。这一过程通常涉及到杂质原子在晶格中的扩散、吸附和固溶。热扩散测试通过控制温度、时间和杂质浓度，可以确定杂质在硅晶体中的分布情况。

（二）热扩散测试的应用

1. 材料研究

热扩散测试在研究新型材料和太阳电池制造材料方面具有广泛应用。科学家使用这一技术来评估不同杂质在硅晶体中的扩散行为，以改进材料的设计。

2. 工艺控制

在太阳电池的制造过程中，控制杂质的扩散是关键的。热扩散测试可用于监测和控制杂质的扩散深度和浓度，以确保硅晶体的一致性和质量。

3. 性能优化

通过了解杂质的扩散行为，太阳电池的性能可以得到优化。科学家和工程师可以根据热扩散测试的结果来改进电池材料和工艺，以提高效率和稳定性。

4. 缺陷研究

热扩散测试还可用于研究硅晶体中的缺陷和不均匀性。它有助于识别和理解硅晶体中可能存在的问题，从而采取措施来减少缺陷对性能的影响。

（三）热扩散测试的重要性

热扩散测试在太阳电池领域具有重要的作用。通过这一技术，研究人员可以深入了解杂质在硅晶体中的行为，以更好地优化材料的性能。这对于提高太阳电池的效率、稳定性和可靠性至关重要，尤其是在不断变化的市场竞争中。

五、荧光光谱

荧光光谱技术是一种用于分析硅晶体中杂质的类型和浓度的强大工具。在太阳电池领域，了解硅晶体中存在的杂质种类和浓度是至关重要的，因为它们对太阳电池的性能和效率产生深远的影响。荧光光谱技术通过探测杂质发出的特定荧光信号，可以提供有关硅晶体中杂质的详细信息。以下是有关荧光光谱技术的更多信息，以及它在太阳电池研究和制造中的应用。

（一）荧光光谱技术原理

荧光是一种光学现象，当分子或晶体吸收能量后，它们可以发出较长波长的光子。在硅晶体中，杂质原子的存在可以导致这种荧光现象。不同类型的杂质在吸收能量后会发出不同波长的荧光光谱信号。因此，通过测量杂质发出的荧光光谱，可以确定杂质的类型和浓度。

（二）荧光光谱技术的应用

1. 杂质鉴定

荧光光谱技术可用于鉴定硅晶体中的不同杂质。不同类型的杂质通常会产生具有特定波长的荧光信号。通过比较实验结果和已知的标准荧光光谱，可以确定杂质的类型。

2. 杂质浓度分析

荧光光谱技术还可用于测量硅晶体中杂质的浓度。荧光信号的强度与杂质的浓度成正比，这对于评估硅晶体的纯度和质量非常重要。

3. 杂质分布分析

除了鉴定和定量分析杂质外，荧光光谱技术还可以提供有关杂质在硅晶体中的分布情况的信息。这有助于了解杂质如何在晶体内扩散和分布。

4. 质量控制

在太阳电池的制造过程中，荧光光谱技术可用于进行质量控制。通过监测杂质的类型和浓度，制造商可以确保生产的太阳电池具有一致的性能和效率。

（三）荧光光谱技术的优势

荧光光谱技术具有许多优势，使其成为硅晶体分析的重要工具，具体包括以下方面。

1. 高灵敏度

荧光光谱技术可以探测极低浓度的杂质，使其非常适合于硅晶体的分析。

2. 非破坏性

荧光光谱技术通常是非破坏性的，这意味着它不会对硅晶体造成永久性损害。

3. 高分辨率

现代荧光光谱设备具有高分辨率，可以提供详细的数据。

4. 定量分析

荧光光谱技术允让进行定量分析，即确定杂质的浓度。

六、电感耦合等离子体质谱

电感耦合等离子体质谱技术（ICP－MS）是一种用于分析硅晶体和其他材料中轻杂质元素的高度精确的工具。在太阳电池制造和研究中，了解硅晶体的纯度和杂质元素浓度至关重要，因为它们对电池性能和效率产生深远的影响。以下是关于 ICP－MS 技术的更多信息，以及它在太阳电池领域的应用。

（一）ICP-MS 原理

ICP-MS 技术利用了等离子体的特性，将样品中的原子或离子分离并进行精确的质谱分析。其工作原理如下。

1. 样品离子化

首先，样品被离子化，通常通过高温等离子体（等离子体是一种高温气体）中的离子源。在这个过程中，样品中的分子和原子被转化为离子。

2. 分离

形成的离子被分离并按质量—电荷比（*m/z*）进行分析。这一步允许区分不同元素的离子。

3. 检测

ICP-MS 设备使用质谱仪来检测不同 *m/z* 比例的离子，从而确定样品中各元素的存在和浓度。

（二）ICP-MS 的应用

ICP-MS 技术在太阳电池领域有多种应用，具体包括以下应用。

1. 杂质分析

ICP-MS 用于分析硅晶体中的轻杂质元素，如氢、氧及碳等。这些元素可能来自硅原料或制造过程中的材料，其存在和浓度可能对太阳电池性能产生负面影响。

2. 质量控制

制造太阳电池需要高度纯净的硅材料。ICP-MS 技术可用于检测硅晶体中的杂质元素，以确保其满足质量标准。

3. 研究和开发

太阳电池研究人员使用 ICP-MS 来分析新材料和生产过程中的效果，以改进电池性能。

4. 环境监测

ICP-MS 也可用于监测太阳电池生产过程中产生的废水和废物中的污染物，以确保符合环境法规。

（三）ICP-MS 的优势

ICP-MS 技术具有多项优势，使其成为杂质分析的首选工具，具体如下。

1. 高灵敏度

ICP-MS 具有极高的灵敏度，能够检测到极低浓度的元素，这在太阳电池制造中尤为重要。

2. 高精确度

ICP-MS 提供高精度的分析结果，有助于制造商确保硅晶体中杂质元素的浓度不超出规定的范围。

3. 多元素分析

ICP-MS 可以同时分析多种元素，这对于快速全面的质量控制非常有利。

4. 非破坏性

与一些化学分析方法不同，ICP-MS 是非破坏性的，不会损害样品。

5. 高分辨率

现代 ICP-MS 设备具有高分辨率，能够区分非常接近质谱比率的元素。

第三节　硅晶体杂质测试

硅晶体中的杂质含量和种类对太阳电池的性能有重要影响。因此，进行硅晶体杂质测试是确保太阳电池性能的关键步骤。以下是一些常见的硅晶体杂质测试方法。

一、质谱分析

质谱分析是一项强大而广泛应用于科学和工业领域的技术，用于确定样品中的元素、分子和化合物的组成。在太阳电池的研究和制造中，质谱分析是至关重要的，它可用于确定硅晶体中的杂质元素种类和浓度，以确保材料的质量和性能。

（一）质谱分析原理

质谱分析的基本原理涉及将样品中的离子分离并根据它们的质量—电荷比（*m/z*）进行检测和定量。这一过程包括以下关键步骤。

1. 样品离子化

首先，样品中的分子或原子可以通过离子源或质谱仪中的离子化装置被转化成离子。这可通过不同的方法实现，如电子轰击、化学离子化或激光离子化。

2. 离子分离

形成的离子被引导进入质谱仪中的离子分离器，通常是质子漂移管或四极杆。在这里，离子根据它们的质量—电荷比进行分离。不同离子根据它们的质量以不同速度通过分离器。

3. 质谱检测

分离后的离子被送入质谱检测器，通常是质谱仪中的离子检测器。在这里，离子会导致电流变化，这可以被记录并转化成质谱图。

4. 质谱图生成

通过记录到达检测器的离子的质荷比，生成质谱图。该图通常以质量—电荷比（*m/z*）为横坐标，信号强度为纵坐标，展示了不同离子的相对丰度。

5. 数据分析

质谱图提供了有关样品中存在的元素、分子或化合物的信息。数据分析软件可用于解释质谱图并确定样品的成分。

（二）质谱分析在太阳能电池中的应用

在太阳电池的研究和制造中，质谱分析有多个关键应用，具体如下。

1. 杂质分析

质谱分析可用于确定硅晶体中的杂质元素种类和浓度。这对于确保硅晶体的纯度和质量至关重要。常见的杂质元素包括铁、铜、铝、磷等，它们可能对电池的性能产生负面影响。

2. 质量控制

在太阳电池的制造过程中，需要对硅晶体的质量进行监控和控制。质谱分析可用于确保硅晶体中的杂质元素浓度在允许的范围内。

3. 新材料研究

质谱分析可用于分析和确认新型太阳电池材料中的元素成分。这对于了解新材料的性能和稳定性至关重要。

4. 工艺优化

通过质谱分析，可以追踪杂质元素在制造过程中的变化，并帮助优化生产工艺，以确保电池的性能和效率。

（三）质谱分析的优势

质谱分析具有多项优势，使其成为太阳电池研究和制造中的关键工具。

1. 高灵敏度

质谱分析具有极高的灵敏度，可以检测到极低浓度的元素和化合物。

2. 多元素分析

质谱分析允许同时分析多个元素，这对于复合材料和样品的组成至关重要。

3. 高分辨率

现代质谱仪具有高分辨率，能够区分质谱比率非常接近的元素。

4. 定量分析

质谱分析可以提供准确的定量数据，可用于确定元素或化合物的浓度。

5. 非破坏性

与一些化学分析方法不同，质谱分析通常是非破坏性的，不需要样品的破坏性准备。

二、电学测试

电学测试在太阳电池技术中扮演着至关重要的角色。它是一种用于测量硅晶体的电学性能的技术，通常包括电阻率、载流子浓度、电导率和电荷扩散长度等参数的测量。这些参数对于了解材料的质量、电子结构和性能至关重要。以下将详细探讨电学测试在太阳能电池领域的应用、原理和重要性。

(一) 电学测试的应用

电学测试在太阳能电池领域的应用非常广泛，其中包括但不限于以下几个方面。

1. 载流子浓度测量

电学测试可用于测量硅晶体中的载流子浓度。这有助于了解硅晶体中的电子和空穴浓度，这些载流子在太阳电池中起着关键作用。通过了解载流子浓度，可以更好地了解材料的性能和导电性。

2. 电阻率测量

电阻率是材料导电性的重要参数。电学测试可用于测量硅晶体的电阻率，这对于确保材料的电导率和性能至关重要。电阻率的变化表明硅晶体中杂质的存在或分布不均匀。

3. 电荷扩散长度测量

电荷扩散长度是电子和空穴在材料中移动的距离。电学测试可用于测量电荷扩散长度，这对于了解硅晶体中电荷的迁移速度和材料的导电性非常重要。较长的电荷扩散长度通常意味着更高的电池效率。

4. 材料分析

电学测试还可用于对新型太阳电池材料的性能进行评估。这有助于研究人员了解新材料的电子结构、导电性和潜在应用。

5. 工艺控制

在太阳电池的制造过程中，电学测试可用于监控和调整工艺参数，以确保电池的性能和效率。它有助于检测任何潜在的制造缺陷并及时采取纠正措施。

（二）电学测试的原理

电学测试是通过测量材料的电阻和电导率来获得信息的。以下是一些常见的电学测试方法及其原理。

1. 霍尔效应

霍尔效应是一种用于测量载流子浓度和电荷性质的技术。它基于在外加电场下电子或空穴在导体中偏转的原理，通过测量霍尔电压和电流，可以计算出载流子浓度和移动率。

2. 四探针电阻率测试

四探针电阻率测试用于测量材料的电阻率。它通过在材料上施加电流并测量电压差来计算电阻率。四探针方法可消除电线电阻的影响，测量出准确的电阻率。

3. 暗电导率测量

在暗电导率测量中，样品在没有外部光照的情况下测量电导率。这有助于了解材料的自身导电性能，独立于光照条件。

4. 光电流测量

光电流测量用于测量材料在受光照射时的电流响应。这有助于评估太阳电池的光电性能。通过测量光电流的大小和响应时间，可提供关于材料对光的敏感度的信息。

（三）电学测试的重要性

电学测试在太阳电池技术中的重要性不言而喻。它不仅提供了关于材料电子结构和导电性的宝贵信息，还在太阳电池的制造、性能优化和质量控制中发挥关键作用。通过电学测试，研究人员和制造商可以更好地了解材料的性能，提高电池的效率，并确保其长期稳定性。

三、拉曼光谱

拉曼光谱技术是一种非常强大的光谱分析工具，广泛用于分析各种材料的结构、组成和性质。在太阳电池领域，拉曼光谱技术也发挥着重要作用，特别是在研究硅晶体的结构和杂质分析方面。以下将详细探讨拉曼光谱技术在硅晶体研究中的作用。

（一）拉曼光谱技术的原理

拉曼光谱技术基于拉曼散射现象，当光子与物质中的分子或晶格振动相互作用时，部分光子的能量会增加或减小，从而引起频率的变化。这个变化后的光子的频率被称为拉曼频移。通过测量拉曼频移，可以了解物质中的振动模式、晶格结构和杂质的存在。

（二）拉曼光谱技术的应用

在太阳电池领域，拉曼光谱技术的应用非常广泛，包括但不限于以下几个方面。

1. 晶格结构分析

拉曼光谱可用于分析硅晶体的晶格结构。通过观察硅的晶格振动模式，可以了解晶格的对称性和有序性，这对于了解硅晶体的质量和性能至关重要。

2. 振动模式分析

硅晶体中的振动模式包括硅—硅振动、硅—氢振动等。拉曼光谱可以用于分析这些振动模式，以确定硅晶体的纯度和晶格有序性。

3. 杂质检测

不同的杂质会对硅晶体的拉曼光谱产生不同的影响。通过分析拉曼光谱，可以检测硅晶体中的杂质元素，如碳、氧、氮等。

4. 应力分析

硅晶体中的应力可以导致晶格的畸变，这也会影响拉曼光谱。通过测量硅晶体的拉曼频移，可以评估晶体中的应力分布。

5. 材料质量控制

拉曼光谱还可用于质量控制，确保硅晶体的结构和性能符合规格要求。

（三）拉曼光谱技术的重要性

拉曼光谱技术在硅晶体研究和太阳电池制造中发挥着重要作用。它不仅提供了关于硅晶体结构和材料质量的宝贵信息，还可以用于杂质检测、应力分析和质量控制。通过拉曼光谱技术，研究人员和制造商可以更好地了解硅晶体的性能，从而提高太阳电池的效率和可靠性。

四、电感耦合等离子体质谱

电感耦合等离子体质谱结合了电感耦合等离子体的高温等离子体和质谱仪的高分辨率探测器，可以对样品进行高灵敏度和高分辨率的质谱分析，从而提供有关硅晶体的杂质信息。

（一）ICP-MS 的工作原理

ICP-MS 技术的基本原理是将样品中的硅晶体杂质元素离子化，并通过质谱仪进行质谱分析。这一过程包括以下步骤。

1. 样品离子化

首先，硅晶体样品被转化为离子状态。这通常通过电感耦合等离子体（ICP）的高温等离子体源来实现。在高温等离子体中，样品中的分子被分解成原子和离子，并产生离子化的杂质元素。

2. 离子分析

产生的离子被引入质谱仪中，经过质谱分析。ICP-MS 中的质谱仪使用磁场和电场来分离不同质荷比的离子，然后对其进行检测。这可以精确地确定每个离子的质荷比，从而确定其种类。

3. 检测和分析

经过质谱仪的质谱分析后，检测器测量每种离子的相对丰度，从而确定硅晶体中的不同杂质元素的浓度。

（二）ICP-MS 的应用

ICP-MS 技术在硅晶体研究和太阳能电池制造中有多种应用，包括但不限于以下几个方面。

1. 杂质检测

ICP-MS 可以用于检测硅晶体中的各种杂质元素，特别是轻杂质元素如氢、氧、碳、氮等。这有助于确保硅晶体的纯度和质量。

2. 质量控制

制造应用于太阳电池的硅晶体必须符合严格的质量标准。ICP-MS 可以用于确保硅晶体符合这些标准，从而提高电池的性能和可靠性。

3. 研究杂质效应

ICP-MS 还可用于研究不同杂质元素对硅晶体性能的影响。这有助于优化硅晶体的生产和应用。

（三）ICP-MS 的重要性

ICP-MS 技术在硅晶体研究和太阳电池制造中的重要性不言而喻。它为研究人员和制造商提供了一种高度精密且灵敏的工具，可用于确定硅晶体中的杂质种类和浓度。这有助于确保硅晶体的质量，提高电池的效率和可靠性。

五、电子自旋共振

电子自旋共振（ESR），也被称为电子顺磁共振（EPR），是一种非常重要的分析技术，用于检测硅晶体中的杂质中心。这一技术对于了解硅晶体的性质和杂质分布至关重要。

（一）电子自旋共振的基本原理

电子自旋共振是一种基于电子自旋的谱学技术。它的基本原理是通过应用外部磁场和微波辐射来激发具有未成对电子自旋的杂质中心，然后测量其吸收的微波辐射能量。这一原理是建立在量子力学的基础上，其中电子具有自旋，类似于旋转的自旋磁矢。

在硅晶体中，通常会含有各种不同种类的杂质中心，可以通过电子自旋共振来检测和分析这些中心。当杂质中心出现未成对电子自旋时，它们会表现出特定的电子自旋共振谱线，这可以被用来鉴别和定量分析硅晶体中的杂质。这一技术广泛应用于材料科学、物理学和化学领域，以研究不同材料中的杂质和缺陷。

（二）电子自旋共振的应用

电子自旋共振技术在硅晶体研究和太阳电池制造中有多种应用，包括但不限于以下几个方面。

1. 杂质检测

电子自旋共振可用于检测硅晶体中的各种杂质中心，如氮、磷、硼等。这有助于确定硅晶体的纯度和质量。

2. 杂质中心性质

通过电子自旋共振，可以了解不同杂质中心的性质，包括其电子结构、自旋状态和相互作用。这对于研究硅晶体的电学和光学性质非常重要。

3. 硅晶体质量控制

制造应用于太阳电池的硅晶体必须满足一定的质量标准。电子自旋共振可用于确保硅晶体的质量，从而提高电池的性能和可靠性。

4. 研究硅晶体缺陷

除了杂质中心，硅晶体中的缺陷也可以通过电子自旋共振来研究。这对于了解硅晶体的缺陷类型和浓度非常有帮助。

5. 材料研究

电子自旋共振技术还广泛用于其他材料的研究，包括磁性材料、半导体材料和生物材料等。

（三）电子自旋共振的重要性

电子自旋共振技术在硅晶体研究和太阳能电池制造中的重要性不言而喻。它为研究人员和制造商提供了一种高度精密和灵敏的工具，可用于确定硅晶体中的杂质种类和浓度，从而确保硅晶体的质量和性能。同时，它还有助于研究硅晶体的电子和自旋结构，为太阳电池技术的不断进步提供了重要支持。

六、原子力显微镜

原子力显微镜（AFM）是一种非常强大的显微镜技术，用于观察硅晶体表面的微观结构和杂质分布。它通过测量在扫描探针与样品表面之间的相互作用力来创建高分辨率的表面拓扑图像。原子力显微镜在硅晶体研究和太阳电池制造中发挥着重要作用。

（一）原子力显微镜的基本原理

原子力显微镜是一种非接触式的显微镜，其基本原理建立在探针与样品表面之间的相互作用力上。AFM 的核心部件是一个微小的尖端探针，通常是纳米尺度的。这个探针悬挂在一个非弹簧的弯曲悬臂上，而悬臂的运动会受到探针与样品之间的相互作用力的影响。

当 AFM 探针接近硅晶体表面时，它会受到范德瓦尔斯力、静电力、化学键力等各种相互作用力的影响。这些力会导致悬臂的微小弯曲，而悬臂的弯曲程度则与样品表面的拓扑特征有关。AFM 通过测量悬臂的弯曲程度并进行反馈控制，以保持探针与样品之间的恒定力，从而记录样品表面的拓扑信息。这一过程允许创建高分辨率的三维表面拓扑图像。

（二）原子力显微镜的应用

原子力显微镜在硅晶体研究和太阳电池制造中有多种应用，包括但不限于以下几个方面。

1. 拓扑分析

AFM 可以用于观察硅晶体表面的拓扑结构，包括晶粒、晶界、缺陷和杂质分布。这对于了解硅晶体的质量和结构非常重要。

2. 杂质检测

通过 AFM，可以检测硅晶体表面的杂质颗粒或区域。这有助于确定硅晶体中杂质的位置和浓度。

3. 硅晶体生长监测

在硅晶体的生长过程中，AFM 可用于实时监测表面拓扑的变化。这有助于优化硅晶体的生长条件。

4. 缺陷研究

AFM 可用于研究硅晶体中的缺陷，包括位错、螺旋位错等。这对于了解硅晶体的性质和生长机制非常重要。

5. 太阳电池制造

在太阳电池的制造中，AFM 可用于检查电池组件和电池电极的表面，以确保其质量和性能。

（三）原子力显微镜的重要性

原子力显微镜是一种关键的显微镜技术，对于硅晶体研究和太阳电池制造都具有关键意义。它提供了高分辨率的表面拓扑信息，有助于科研人员深入了解硅晶体的结构和性质。同时，它也用于质量控制，确保制造的硅晶体和电池组件满足高标准的质量要求。

第四节　电学性能测试

电学性能测试是评估太阳电池性能的关键部分。以下是一些用于测试高效晶硅太阳电池的电学性能的常见方法。

一、电流 – 电压曲线（I-U 曲线）测试

电流 – 电压曲线测试（I-U 曲线测试）是太阳能电池性能评估的重要工具之一。这种测试是为了测量和评估太阳能电池的关键参数，帮助确定其性能、效率和适用性。在本节中，将深入探讨电流 – 电压曲线测试的原理、应用和意义。

（一）电流 – 电压曲线测试的原理

电流 – 电压曲线测试是通过在太阳能电池上施加不同电压和电流来测定其电流输出的一种实验方法。这个测试方法的核心原理是欧姆定律，即电流（I）等于电压（U）与电阻（R）的乘积，通常表示为 $I=U/R$。在太阳电池的情况下，电流输出与电压和阻抗之间的关系是复杂的，因此需要详细的测试来确定其性能。

电流 – 电压曲线测试通常在标准测试条件（STC）下进行，包括太阳辐射强度为 1 000 W/m^2、温度为 25 ℃、大气质量为 1.5。在这些条件下，电池的性能被测试和评估。测试过程涉及将电池连接到一个变化电压的电路，并测量在每个电压下的输出电流。

通过改变施加在太阳电池上的电压，可以绘制出电流 – 电压曲线。I-U 曲线显示了太阳能电池的电流输出随电压变化的情况。I-U 曲线对于太阳电池的性能评估至关重要。

（二）电流－电压曲线中的关键参数

在 I-U 曲线中，以下几个关键参数对于评估太阳能电池的性能至关重要。

1. 短路电流（I_{sc}）

这是在电池的输出端短路时测得的电流。它表示电池在最大可用光照条件下的最大输出电流。

2. 开路电压（V_{oc}）

这是电池在没有外部负载时的电压，也就是电池的最大电压输出。

3. 最大功率点（MPP）

这是电池在其 I-U 曲线上的功率输出的最高点，通常对应于最佳工作点。

4. 填充因子

填充因子表示了电池的工作点相对于最大可能功率点的接近程度。它是一个介于 0 和 1 之间的值，取决于电池的性能。

5. 效率

电池的效率表示从太阳辐射到电能的转化效率。它通常以百分比表示。

（三）电流－电压曲线测试的应用

电流－电压曲线测试在太阳能电池研究和太阳能系统设计中具有广泛的应用。

1. 性能评估

通过测定 I_{sc}、V_{oc}、MPP 和 FF 等参数，可以评估太阳能电池的性能。这对于选择适合特定应用的太阳能电池至关重要。

2. 系统设计

电流－电压曲线测试可帮助太阳能系统设计师选择最佳的电池组合和布局，以最大程度地提高系统的效率和能量产出。

3. 故障检测

I-U 曲线测试还可用于检测太阳电池中是否存在故障或损坏。通过检查 I-U 曲线是否与标准曲线相匹配，可以识别电池是否存在性能问题。

4. 性能监测

太阳能系统的运行性能可以通过定期进行电流 – 电压曲线测试来监测。这有助于确保系统在其整个寿命内保持高效。

（四）电流 – 电压曲线测试的重要性

电流 – 电压曲线测试对于太阳能电池和太阳能系统的性能和效率至关重要。它提供了评估电池性能的标准化方法，帮助制造商和系统设计师选择最佳的电池和组合方式。此外，电流 – 电压曲线测试还用于监测和维护太阳能系统的性能，以确保其长期稳定运行。因此，I-U 曲线测试是太阳能产业中不可或缺的工具，为清洁能源的发展和应用作出了重要贡献。

二、光谱响应测试

光谱响应测试是太阳电池性能评估的重要组成部分。它帮助我们了解太阳电池在不同波长和光照条件下的性能，从而评估其在实际应用中的效率。以下将深入探讨光谱响应测试的原理、应用和重要性。

（一）光谱响应测试的原理

光谱响应测试旨在测量太阳电池对不同波长的光的响应程度。太阳电池是利用光的能量来产生电流的设备，而不同波长的光子携带不同能量。因此，了解太阳电池对各种波长的光的响应情况对于评估其性能至关重要。

测试的原理比较简单，如将太阳电池置于一个受控的环境中，通常是一个黑暗的室内空间。然后，通过照射已知波长和光强的光束，测量太阳电池的电流响应。通过改变入射光的波长，可以生成太阳电池的光谱响应曲线，通常称为光谱响应谱。

这个测试可以涵盖整个可见光谱范围，从紫外线到红外线，以及更广泛的光谱范围，取决于太阳电池的类型和用途。通过测量在每个波长下的电流响应，可以了解太阳电池在不同光谱条件下的性能。

（二）光谱响应测试中的关键参数

在光谱响应测试中，以下关键参数对于评估太阳电池性能至关重要。

1. 光谱响应谱

这是太阳电池在不同波长下的响应曲线，通常以电流输出的方式表示。光谱响应谱显示了太阳电池的相对灵敏度，即在不同波长下产生电流的能力。

2. 量子效率

量子效率是指太阳电池对光子的吸收和电子－空穴对的产生效率。它是描述太阳电池性能的重要参数。

3. 光电转换效率

光电转换效率是指太阳电池从吸收光子到产生电流的整个过程的效率。它考虑了光的吸收、电子－空穴对的生成和电流的产生。

（三）光谱响应测试的应用

光谱响应测试在太阳电池研究和工程中具有广泛的应用，包括但不限于以下几个方面。

1. 性能评估

通过分析光谱响应谱，可以评估太阳电池在不同波长下的性能。这有助于确定其在特定应用中的适用性。

2. 材料研究

光谱响应测试可用于评估不同材料的性能，开发新型太阳能材料。研究人员可以通过比较不同材料的光谱响应谱，以找到最佳的材料选择。

3. 系统设计

太阳能系统设计师可以使用光谱响应数据来选择最佳的太阳电池类型和配置，以最大程度地提高系统的效率和能量产出。

4. 故障检测

光谱响应测试还可用于检测太阳电池中的故障或性能下降。如果光谱响应谱出现异常，可能表明太阳电池存在问题。

（四）光谱响应测试的重要性

光谱响应测试在太阳电池研究和应用中具有重要地位。它帮助我们了解太阳电池在不同光谱条件下的性能，从而选择最佳的电池类型和应用材料。此外，通过比较不同太阳电池的光谱响应，可以进一步推动太阳能技术的发展并提高其效率，为清洁能源的应用做出贡献。

三、暗电流测试

暗电流测试是太阳电池性能评估的关键组成部分，它旨在测试太阳电池在无光条件下的电流产生。虽然太阳电池的主要功能是将光能转化为电能，但在实际运行中，太阳电池也会在暗条件下产生电流，这被称为暗电流。以下将深入探讨暗电流测试的原理、应用和重要性。

（一）暗电流测试的原理

暗电流测试的原理相对简单，它通过将太阳电池置于一个完全无光的环境中进行测试，通常在实验室条件下进行。在这种条件下，任何产生的电流都是由于杂质、缺陷或温度等因素引起的，而不是来自光的激发。通过测量暗电流，我们可以了解太阳电池在无光条件下的性能，即其基本电子运动的性质。

暗电流可以通过连接太阳电池到一个负载电阻，并测量通过电阻的电流。这个测试通常在不同温度下进行，以考虑温度对暗电流的影响。通过改变负载电阻的阻值，可以获得太阳电池的电流－电压（I-U）特性曲线，这有助于评估其性能。

（二）暗电流测试中的关键参数

在暗电流测试中，以下关键参数对于评估太阳电池性能至关重要。

1. 暗电流密度

暗电流密度是指在无光条件下，每平方厘米的太阳电池表面产生的电流。它通常以安培每平方厘米（A/cm^2）为单位。

2. 暗电流的温度依赖性

暗电流通常会随着温度的升高而增加。了解暗电流与温度之间的关系对于太阳电池的工作温度范围和性能评估至关重要。

3. 反向饱和电流

反向饱和电流是在较高反向电压下产生的暗电流，通常表现为指数增加。了解反向饱和电流对于评估太阳电池的漏电流和反向特性非常重要。

（三）暗电流测试的应用

暗电流测试在太阳电池研究和工程中具有广泛的应用，包括但不限于以下几个方面。

1. 性能评估

通过测量暗电流，可以评估太阳电池在无光条件下的电子运动性质。这有助于检测可能的缺陷或污染，从而提高太阳电池的性能和可靠性。

2. 材料研究

暗电流测试可用于评估不同材料的暗电流水平，包括新型太阳能材料的开发。研究人员可以通过比较不同材料的性能，以找到最佳的材料选择。

3. 质量控制

在太阳电池的制造过程中，暗电流测试可用于质量控制，以检测可能的缺陷或杂质，这有助于生产高质量的太阳电池产品。

4. 可靠性评估

暗电流测试还可用于评估太阳电池的长期稳定性和可靠性。通过定期测量暗电流，可以监测太阳电池性能的退化情况。

（四）暗电流测试的重要性

暗电流测试是确保太阳电池性能和可靠性的关键步骤。它可以帮助我们检测可能的杂质或缺陷，从而提高太阳电池的性能和可靠性。此外，了解太阳电池在无光条件下的电子运动性质有助于改进太阳电池的设计和材料选择。

四、效率测试

效率测试是太阳电池性能评估的关键环节，它旨在测量太阳电池的总效率，即电池将入射光转化为电能的能力。这包括外部量子效率测试和内部量子效率测试，这两个测试方法是评估太阳电池性能的重要工具。

（一）外部量子效率测试

外部量子效率测试是一种用于评估太阳电池对不同波长光的响应程度的技术。它可以帮助我们确定太阳电池在不同波长范围内的性能表现，从紫外线到可见光和红外线。测试通常使用以下步骤进行。

1. 光源和光子引导系统

首先，使用标准光源，如锁定激光或白炽灯，产生特定波长的光。这些光源通过光子引导系统传递到太阳电池上。

2. 外部量子效率测量装置

外部量子效率测量装置包括一个具有单色器的光束，可选择不同波长的光。该光束通过光子引导系统传递到太阳电池上，并测量由太阳电池吸收的光子数量。

3. 外部量子效率曲线测量

通过在不同波长范围内测量吸收的光子数量，可以生成外部量子效率曲线。这个曲线显示了太阳电池对不同波长光的响应情况，通常以百分比形式表示。

（二）内部量子效率测试

内部量子效率测试是用于评估太阳电池内部的电子传输和抽取效率的方法。它可以帮助我们了解太阳电池中的电子在被光激发后如何被捕获和传输，以及如何从电池中抽取电能。这个测试通常包括以下步骤。

1. 制备太阳电池样本

在内部量子效率测试之前，需要制备太阳电池样本，并确保它们与实际太阳电池具有相似的结构和特性。

2. 光源和电流检测系统

测试需要使用一个可调节的光源，以模拟不同光照条件。另外，需要一个电流检测系统，用于测量太阳电池中的电流响应。

3. 电流－电压（IU）特性测量

通过在不同光照条件下测量太阳电池的 I-U 特性，可以确定内部量子效率。这包括测量短路电流（I_{sc}）、开路电压（V_{oc}）和最大功率点（*MPP*）等参数。

4. 内部量子效率曲线

通过分析 I-U 特性数据，可以生成内部量子效率曲线。这个曲线显示了在不同光照条件下，太阳电池内部电子的传输和抽取效率。

（三）应用和重要性

效率测试对于太阳能电池研究和工程至关重要。以下是一些重要应用。

1. 材料评估

效率测试可用于评估不同太阳电池材料的性能，以确定最佳材料选择。研究人员可以比较不同材料的外部量子效率和内部量子效率曲线，以找到最适合特定应用的材料。

2. 性能改进

通过分析外部量子效率和内部量子效率曲线，可以确定太阳电池的性能瓶颈。这有助于开发改进策略，以提高电池的效率和可靠性。

3. 质量控制

太阳能电池制造商可以使用效率测试来进行质量控制。通过定期测试生产中的样品，确保生产的太阳电池具有一致的性能。

4. 研究和开发

研究人员可以使用效率测试来研究新材料和新技术的潜力。这有助于推动太阳电池技术的发展，以更好地满足能源需求。

五、温度特性测试

温度特性测试是太阳电池性能评估的重要组成部分。它的主要目的是评估太阳电池在不同温度条件下的性能表现，以帮助了解电池的热稳定性和温度补偿特性。在太阳能系统中，太阳电池板经常受到温度波动的影响，因此了解电池在不同温度下的性能变化对系统的设计和运行至关重要。

（一）温度特性测试的关键参数

在进行温度特性测试时，通常会关注以下关键参数。

1. 开路电压（V_{oc}）

开路电压是电池在无负载条件下的输出电压。温度升高通常会导致开路电压下降，而温度降低则会导致开路电压上升。了解 V_{oc} 的温度特性有助于优化电池组件的设计和运行，以确保在不同温度下获得最佳性能。

2. 短路电流（I_{sc}）

短路电流是电池在短路条件下的输出电流。与 V_{oc} 一样，I_{sc} 也受温度影响。一般来说，随着温度升高，I_{sc}会增加，而随着温度下降，I_{sc}会减小。了解I_{sc}的温度特性对于电池性能的评估和优化至关重要。

3. 最大功率点

最大功率点是电池在不同温度下能够提供的最大功率输出。温度特性测试可以帮助确定电池在不同温度下的最佳工作点，以最大限度地提高能量产出。

4. 填充因子

填充因子是衡量电池性能的重要参数，它描述了IU曲线的形状和负载特性。温度特性测试有助于了解电池的FF如何受到温度的影响，以便进行性能优化。

（二）温度特性测试的方法

温度特性测试通常使用恒温室或气候模拟室进行，以控制电池板的温度。测试的方法如下。

1. 恒温室测试

在恒温室中，太阳电池板置于已知温度下，并进行电流－电压特性测试。这种方法允许测量电池在不同恒定温度下的性能，以获得温度特性曲线。

2. 室外条件测试

在实际太阳能系统中，电池板暴露在室外环境中，其温度会随着日夜和季节的变化而波动。因此，室外条件测试也是一种重要的温度特性测试方法。

（三）应用和重要性

温度特性测试对于太阳能电池系统的设计、性能评估和运行至关重要。以下是一些应用和重要性。

1. 性能预测

通过了解电池在不同温度下的性能变化，可以更好地预测电池在实际应用中的性能，从而更准确地估算电能产出。

2. 系统设计

太阳能系统的设计必须考虑电池板在不同温度条件下的性能。通过温度特性测试，可以确定最佳工作温度范围，以优化系统设计。

3. 运行监测

在实际运行中，太阳电池板的温度会发生变化。定期进行温度特性测试可以帮助监测电池性能，并及时发现潜在问题。

六、寿命测试

寿命测试是太阳电池评估和优化的关键部分，它旨在模拟太阳电池在长期使用中的性能衰减和稳定性。这些测试可以帮助确定太阳电池的寿命、可靠性和性能变化，以确保其在实际应用中能够持续提供可预测的电能产出。以下是一些常见的寿命测试方法。

1. 热循环测试

热循环测试模拟太阳电池板在不同温度条件下的反复循环。这种测试有助于评估电池板的热稳定性和耐久性。在实际应用中，太阳电池板经常面临温度波动，因此了解电池在这些条件下的性能变化至关重要。

2. 湿度热度测试

湿度热度测试结合了高温和高湿度环境，以评估电池板的性能在潮湿条件下的耐久性。这种测试有助于检测潜在的腐蚀、漏电和绝缘问题。

3. 阳光暴露测试

阳光暴露测试将太阳电池板暴露在模拟阳光下的条件下，以模拟实际太阳辐射。这种测试有助于评估电池板的退化速度和寿命。通过测量电池的性能变化，可以预测其寿命和性能下降情况。

4. 电气性能退化测试

这种测试涉及监测太阳电池板的电气性能随时间的退化。电池板的电阻、电流和电压等参数会随着使用时间逐渐发生变化，而电性能退化测试有助于评估电池的寿命。

5. 机械冲击测试

机械冲击测试用于评估太阳电池板在意外冲击下的耐久性。这包括模拟枝条掉落、风暴及其他外部冲击。测试有助于确保电池板在不同环境条件下的稳定性。

6. 长期暴露测试

这种测试涉及将太阳电池板长时间暴露在实际环境中，以模拟多年的使用。通过长期暴露测试，可以了解电池在不同气候和环境应力下的性能和寿命。

7. 腐蚀测试

腐蚀测试用于模拟电池板在恶劣环境条件下的腐蚀情况。这包括酸雨、盐雾和其他腐蚀性环境。测试有助于评估电池板的材料和外部涂层的耐腐蚀性。

8. 光衰减测试

光衰减测试用于模拟太阳电池板在多年使用后光电转换效率的变化。这种测试有助于了解电池板的性能随时间的衰减速度。

这些寿命测试方法的结合可以为太阳电池的设计、制造和性能评估提供全面的信息。通过模拟不同环境条件和应力，可以更好地了解电池板在实际使用中的寿命和稳定性，从而确保太阳能系统的长期可靠性和性能。这对于太阳能技术的可持续发展和广泛应用至关重要。

参考文献

［1］高平奇，王子磊，林豪等. 太阳电池物理与器件［M］. 广州：中山大学出版社，2022.

［2］周继承. 光伏电池原理［M］. 北京：化学工业出版社，2021.

［3］林原，张敬波，王桂强. 染料敏化太阳电池［M］. 北京：化学工业出版社，2021.

［4］陈哲艮. 晶体硅太阳电池物理［M］. 北京：电子工业出版社，2020.

［5］沈辉. 晶体硅太阳电池［M］. 北京：化学工业出版社，2020.

［6］黄海宾. 光伏物理与太阳电池技术［M］. 北京：科学出版社，2019.

［7］唐雅琴. 太阳电池硅材料［M］. 北京：冶金工业出版社，2019.

［8］张春福，习鹤，陈大正. 有机太阳能电池材料与器件［M］. 北京：科学出版社，2019.

［9］刘维峰. 太阳能光伏技术理论与应用研究［M］. 北京：北京理工大学出版社，2019.

［10］魏舒怡，张秀霞，王二垒. 太阳能工程光学［M］. 北京：北京邮电大学出版社，2019.

［11］张彤，王保平. 光电子物理及应用［M］. 南京：东南大学出版社，2019.

［12］王月，王彬，王春杰. 激光技术与太阳能电池［M］. 北京：冶金工业出版社，2018.

［13］赵志强等. 薄膜太阳电池［M］. 北京：科学出版社，2018.

［14］陈凤翔，汪礼胜，赵占霞. 太阳电池从理论基础到技术应用［M］. 武汉：武汉理工大学出版社，2017.

[15] 霍尔格·博尔歇特. 胶体纳米晶太阳电池［M］. 北京：国防工业出版社，2017.

[16] 马骧. 光化学和光物理概念、研究和应用［M］. 上海：华东理工大学出版社，2017.

[17] 潘红娜，李小林，黄海军. 晶体硅太阳能电池制备技术［M］. 北京：北京邮电大学出版社，2017.

[18] 韩俊峰. 薄膜化合物太阳能电池［M］. 北京：北京理工大学出版社，2017.

[19] 魏光普，张忠卫，徐传明等. 高效率太阳电池与光伏发电新技术［M］. 北京：科学出版社，2017.

[20] 孟婧，高博文. 基于聚合物非富勒烯体系 PM6：Y6 的钙钛矿/有机集成太阳电池光伏性能优化［J］. 物理学报，2023，72（12）：310－319.

[21] 王佳文，黄勇，郑超凡，等. 退火时间及后退火对 Cu_2（Cd_xZn_{1-x}）SnS_4/CdS 薄膜太阳电池性能影响的研究[J]. 人工晶体学报，2023，52（03）：476－484.

[22] 佘春红. 卤素诱导的平面异质结太阳能电池研究［J］. 青年创新创业研究，2021（02）：60－69.

[23] 左佳. 薄膜型太阳能电池应用于风电机组的理论计算及实验探究［J］. 物理通报，2019（01）：104－108.

[24] 张晓琴，吴江，王建太，等. 基于银纳米线复合透明电极的可弯折柔性聚合物太阳能电池［J］. 应用化学，2018，35（01）：109－115.

[25] 金步平. 太阳能光伏发电系统［M］. 电子工业出版社，2016.

[26] 于为. 聚合物太阳能电池材料的形貌及界面研究［D］. 中国科学院大连化学物理研究所，2015.

[27] 陈洁. Sb2Se3 薄膜太阳能电池缓冲层研究［D］. 华中科技大学，2015.